FICHES BAC

1re ES L

W0358048

Sciences

- **Isabelle Bednarek-Maitrepierre**
  Professeur de SVT
  au lycée Aristide-Briand (Saint-Nazaire)
- **Alain Le Grand**
  Enseignant en sciences
  au CHU de Nantes
- **Bruno Semelin**
  Professeur de SVT
  au lycée du Pays-de-Retz (Pornic)

Hatier

Conception maquette : **Favre & Lhaïk** • *Édition :* **Anne Panaget**
Schémas : **Philippe Bouillon (Illustratek) et STDI** • *Mise en pages :* **STDI**

Table des illustrations
p. 7 Coll. Kharbine-Tapabor • p. 31 ph © Kunkel/Phototake/BSIP • p. 38 ph © P. Pikart/Wikimédia commons • p. 79 ph © F. Chrétien • p. 83 ph © Pascal Goetgheluck • p. 84 ph © Pascal Goetgheluck/ISM • p. 85-b ph © Eye of Science/Phanie • p. 85-h ph © Ozet/Eye of Science/Cosmos • p. 85-m ph © Eye of Science/Phanie • p. 86 ph © Eye of Science/Phanie • p. 108-a ph © Areva • p. 108-b ph © BEP/Patrick Guyot/Le Dauphiné Libéré/Maxppp • Dépliant, VI ph © Anne Panaget

SOMMAIRE

CHECK LIST

REPRÉSENTATION VISUELLE

L'œil : système optique et formation des images

OK ☑

1 Les conditions pour voir un objet ☐ 7
2 L'œil : système optique et formation des images ☐ 9
3 Les lentilles minces convergentes, divergentes ☐ 11
4 L'œil : accommodation, défauts et corrections ☐ 13
5 QUIZ express ☐ 15

Vision du monde : de l'œil au cerveau

OK ☐

6 Les caractéristiques des photorécepteurs rétiniens ☐ 17
7 Propriétés des photorécepteurs et vision du monde ☐ 19
8 Étude comparée des pigments rétiniens des primates ☐ 21
9 Des photorécepteurs aux aires visuelles cérébrales ☐ 23
10 QUIZ express ☐ 25
11 Aires cérébrales et perception visuelle ☐ 27
12 Aires cérébrales et plasticité du cerveau ☐ 29
13 La chimie de la perception : la transmission synaptique ☐ 31
14 Les perturbations chimiques de la perception ☐ 33
15 QUIZ express ☐ 35

Couleurs et arts

OK ☐

16 Couleurs et arts : colorants et pigments ☐ 37
17 Extraire une substance colorée
Facteurs influençant la couleur d'une espèce chimique ☐ 39
18 La perception des couleurs ☐ 41
19 QUIZ express ☐ 43

NOURRIR L'HUMANITÉ

Vers une agriculture durable

OK ☐

20 Création et gestion des agrosystèmes ☐ 45
21 Choix d'une alimentation dans une perspective de développement durable ☐ 47

22 Les impacts des pratiques agricoles sur l'environnement et la santé ☐ 49
23 L'amélioration des races animales et des variétés végétales ☐ 51
24 Engrais et produits phytosanitaires ☐ 53
25 QUIZ express ☐ 55

Qualité des sols et de l'eau — OK ☐
26 Le sol : milieu d'échanges de matière ☐ 57
27 L'eau de consommation ☐ 59
28 De l'eau naturelle à l'eau potable ☐ 61
29 QUIZ express ☐ 63

Qualité et innocuité des aliments — OK ☐
30 Biologie des micro-organismes et conservation des aliments ☐ 65
31 Conservation des aliments, santé et appétence alimentaire ☐ 67
32 La conservation des aliments ☐ 69
33 Se nourrir au quotidien : l'exemple des émulsions ☐ 71
34 QUIZ express ☐ 73

FÉMININ/MASCULIN

Prendre en charge sa vie sexuelle de façon conjointe et responsable — OK ☐
35 Les hormones ovariennes ☐ 75
36 Les hormones du complexe hypothalamo-hypophysaire ☐ 77
37 Hormones de synthèse et maîtrise de la procréation ☐ 79
38 Chronologie des méthodes de régulation des naissances ☐ 81
39 Stérilité et procréation médicalement assistée (PMA) ☐ 83
40 Infections sexuellement transmissibles et mesures de prévention ☐ 85
41 QUIZ express ☐ 87

Devenir homme ou femme — OK ☐

42 Réalisation des phénotypes sexuels ☐ 89
43 Comportement sexuel et phénomènes biologiques associés ☐ 91
44 QUIZ express ☐ 93

LE DÉFI ÉNERGÉTIQUE

Utilisation et gestion de l'énergie — OK ☐

45 Quantification des besoins énergétiques ☐ 95
46 La conversion de l'énergie ☐ 97
47 Les centrales électriques thermiques ☐ 99
48 Transport et stockage de l'énergie
Gestion des déchets radioactifs ☐ 101
49 QUIZ express ☐ 103

Les ressources énergétiques disponibles — OK ☐

50 Les énergies fossiles : utilisations et empreinte environnementale ☐ 105
51 L'énergie nucléaire ☐ 107
52 Les énergies renouvelables ☐ 109
53 QUIZ express ☐ 111

DÉPLIANT ET RABATS

- Documents de référence
- Schémas bilans
- Techniques expérimentales

Les conditions pour voir un objet

1

? QUIZ p. 15

1 *Théories anciennes de la vision*

▶ La **philosophie grecque** s'est beaucoup intéressée à la relation œil-objet, en particulier Aristote (384-322 av. J.-C.) qui écrivait dans *La Métaphysique* : « La vue est, de tous les sens, celui qui nous fait acquérir le plus de connaissances… »

• Pour les **Pythagoriciens** et **Platon**, les yeux projettent un flux vers l'objet (DOC. 1). Dans le *Timée* de Platon (427-348 av. J.-C.), les yeux sont porteurs de lumière. Un feu visuel jaillit de l'œil sous l'action de la lumière du jour et va rencontrer le feu qui provient des objets. De cette rencontre naît la vision.

• Pour les **atomistes** (Démocrite, Épicure, Lucrèce, etc.), les corps émettent en continu des images d'eux-mêmes : de fines particules – les simulacres – se détachent des objets, voltigent en tous sens et pénètrent, pour certaines, dans l'œil.

▶ Une avancée capitale vers l'optique moderne est faite en Perse au Xe siècle avec **Ibn Al Haytam** ou Alhazen. Pour lui, les rayons lumineux vont de l'objet vers l'œil, celui-ci devenant récepteur de lumière.

Doc. 1 « Les rayons sortent de l'œil et vont palper l'objet ».

2 « Les conditions de visibilité d'un objet »

A Les objets lumineux

▶ Un objet visible par l'œil est un **objet lumineux.**

▶ L'objet qui produit sa propre lumière est une **source lumineuse primaire.** Le Soleil, les étoiles sont de telles sources.

▶ L'objet qui renvoie, dans toutes les directions, une partie de la lumière qu'il reçoit est une **source lumineuse secondaire.**
On dit que cet objet **diffuse** la lumière. La Lune, la plupart des objets courants sont des objets diffusants.
Il faut remarquer qu'un objet noir absorbe toute la lumière reçue : il n'est donc pas théoriquement « visible ».

B La propagation de la lumière

▶ Un objet lumineux ne peut être vu que si la lumière qu'il émet arrive dans l'œil de l'observateur. L'objet ne sera donc pas visible si un obstacle opaque se trouve entre l'objet lumineux et l'œil. La lumière se propage par contre dans le vide et dans les milieux transparents (l'air, l'eau ou le verre).

▶ La fumée intercalée sur le trajet d'un faisceau laser, l'étude de la chambre noire ou celle des ombres portées nous montrent que dans un milieu transparent et homogène, la lumière se propage de manière **rectiligne.** On peut ainsi modéliser le cheminement de la lumière, **le rayon lumineux,** par une ligne orientée dans le sens de la propagation de la lumière.

Doc. 2 Conditions pour voir un objet.
Le personnage est visible pour l'observateur n° 1 mais pas pour l'observateur n° 2 (la boîte constitue un obstacle).

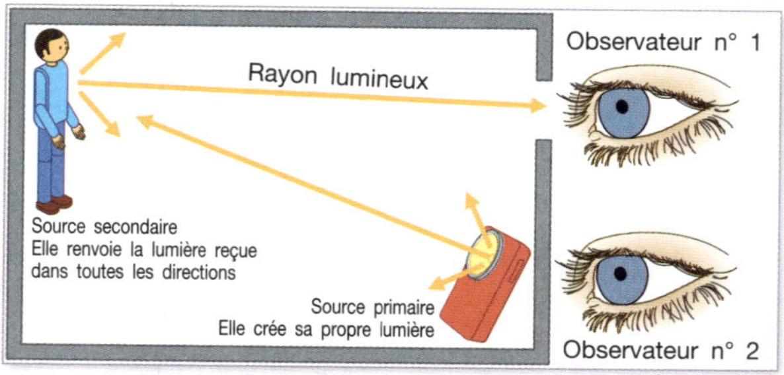

L'œil : système optique et formation des images

2

QUIZ p. 15

L'**œil** est l'organe sensoriel qui nous permet la perception visuelle du monde extérieur. Il capte les signaux lumineux et les transforme en influx nerveux envoyés au cerveau.

1 *L'anatomie de l'œil*

▶ L'œil est une sphère délimitée par trois membranes emboîtées de l'extérieur vers l'intérieur de la manière suivante.

• La **sclérotique** est une enveloppe blanche et résistante. En avant de l'œil, elle devient transparente et bombée : la **cornée.**

• La **choroïde**, de couleur noire, tapisse l'intérieur de la sclérotique dans la partie antérieure de l'œil où elle laisse place à l'**iris** coloré.

• La **rétine**, tissu nerveux très mince, est riche en photorécepteurs (neurones sensibles à la lumière) (→ FICHE 6). Elle se prolonge par le nerf optique.

DOC. 1 Structure interne de l'œil.

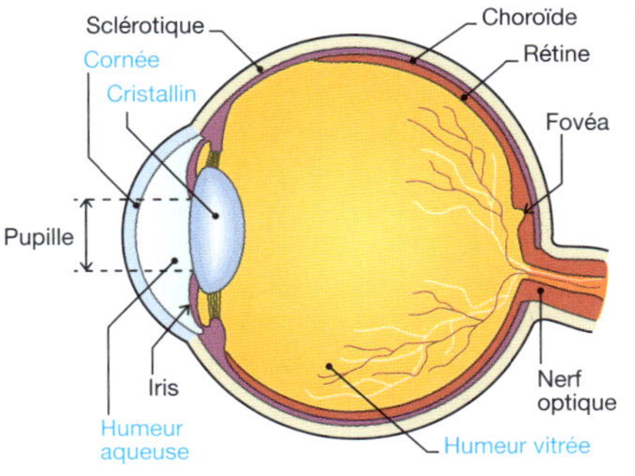

En noir : membranes opaques
En bleu : milieux transparents

▶ L'intérieur du globe oculaire est constitué d'un ensemble de milieux transparents :

– le **cristallin,** lentille biconvexe (→ FICHE 3) à la courbure changeante ;

– les liquides, nommés humeurs : l'**humeur aqueuse**, liquide situé entre la cornée et le cristallin, l'**humeur vitrée**, substance gélatineuse située entre le cristallin et le fond de l'œil.

▶ Entre la cornée et le cristallin, se trouve la partie colorée opaque de l'œil : l'**iris**. Son ouverture centrale, la **pupille**, laisse passer la lumière jusqu'au fond de l'œil. Sous une forte luminosité, la pupille se rétrécit, réduisant ainsi la quantité de lumière transmise à la rétine.

2 *La formation des images*

▶ Les milieux transparents de l'œil (cornée, cristallin, humeurs aqueuse et vitrée) permettent, à la manière d'une lentille convergente (→ FICHE 3), la formation d'une image sur la rétine. La **cornée** assure la plus grande partie de la convergence des rayons lumineux tandis que le cristallin donne au globe oculaire la possibilité d'une mise au point de l'image sur la rétine selon que l'objet regardé est lointain ou bien proche.

▶ Pour comprendre la formation d'une image sur la rétine, on peut assimiler l'œil à un système optique comprenant les éléments optiques essentiels (DOC. 2) :
– un **diaphragme** pour réguler la quantité de lumière entrant dans l'œil : il modélise le système iris-pupille ;
– une **lentille convergente** de distance focale OF' variable : elle représente l'ensemble des milieux transparents de l'œil ;
– un **écran** pour recevoir l'image de l'objet regardé : il est comparable à la rétine.

Doc. 2 Œil réel – œil réduit.

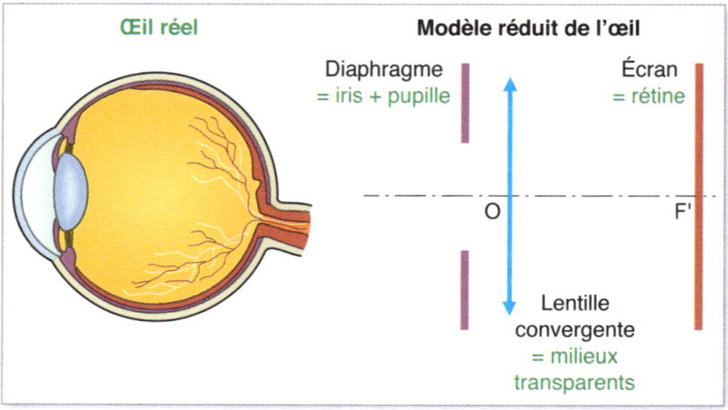

Les lentilles minces convergentes, divergentes

3

QUIZ p. 15

Une lentille est un milieu transparent en verre ou en matière plastique dont l'une au moins des deux faces n'est pas plane. Elle est dite mince si son épaisseur est de petite dimension par rapport à son diamètre.

1 *Les lentilles convergentes*

Ces lentilles se reconnaissent à leurs **bords plus minces** que le centre (DOC. 1a).

▶ À quelques centimètres d'un texte, la lentille le grossit.

▶ Un faisceau incident de lumière parallèle à l'axe optique va émerger de la lentille en se rapprochant de cet axe (DOC. 1b).

▶ Lorsqu'un objet lumineux est suffisamment loin sur l'axe de la lentille, l'image nette se forme au foyer image de celle-ci. La distance entre le foyer image F'et le centre optique O de la lentille est appelée **distance focale** ; elle est notée f (DOC. 1c).

DOC. 1 Lentilles convergentes.

a. Différentes lentilles convergentes

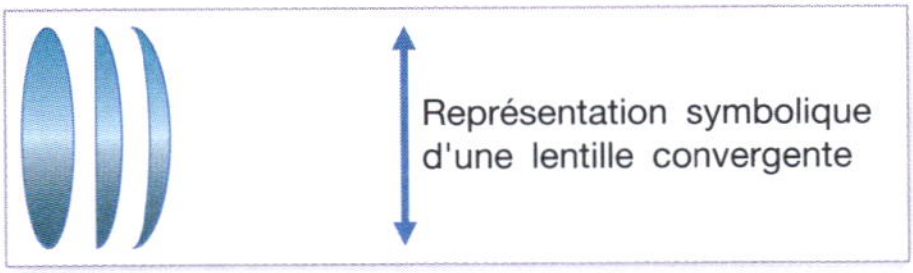

b. Effet sur un faisceau de lumière

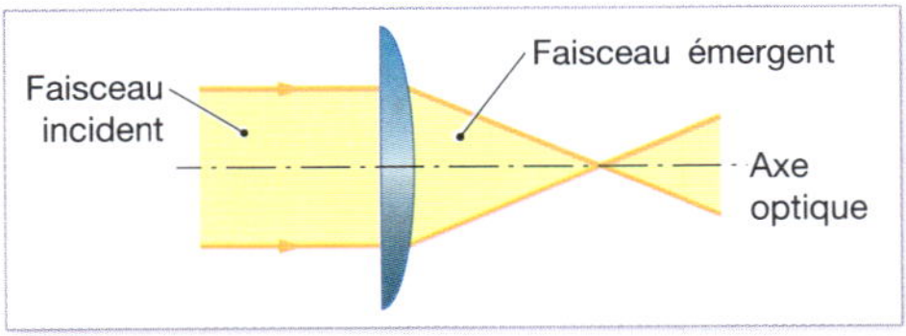

c. Éléments caractéristiques d'une lentille convergente

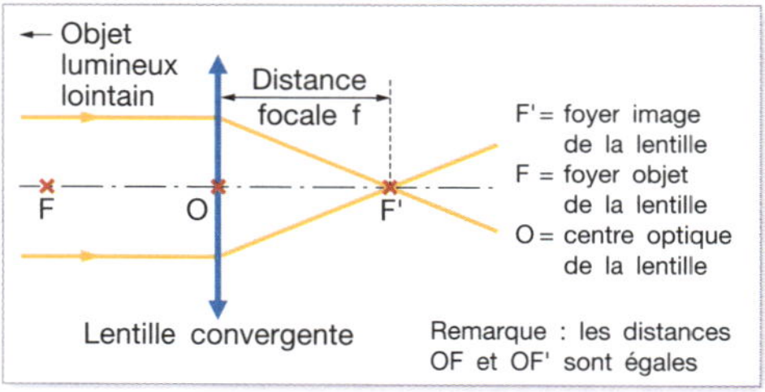

2 Construire l'image à travers une lentille convergente

Trois règles simples permettent de déterminer la position et la taille de l'image formée par une lentille (→ DÉPLIANT, I) :
– le rayon incident parallèle à l'axe optique émerge en passant par le foyer image de la lentille ;
– le rayon passant par le centre optique de la lentille n'est pas dévié ;
– le rayon incident passant par le foyer objet de la lentille émerge parallèlement à l'axe optique de la lentille.

3 Les lentilles divergentes

Ces lentilles se reconnaissent à leurs **bords plus épais** que le centre (DOC. 2a).

▶ À quelques centimètres d'un texte, la lentille le rétrécit.

▶ Un faisceau de lumière parallèle à l'axe optique va émerger de la lentille en s'écartant de l'axe optique (DOC. 2b).

Doc. 2 Lentilles divergentes.

a. Différentes lentilles divergentes

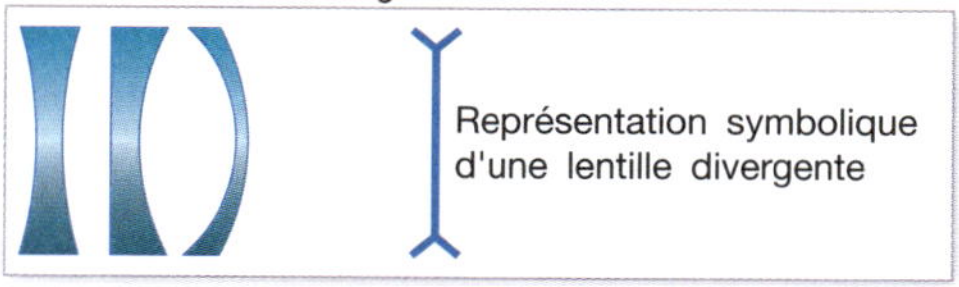

b. Effet sur un faisceau de lumière

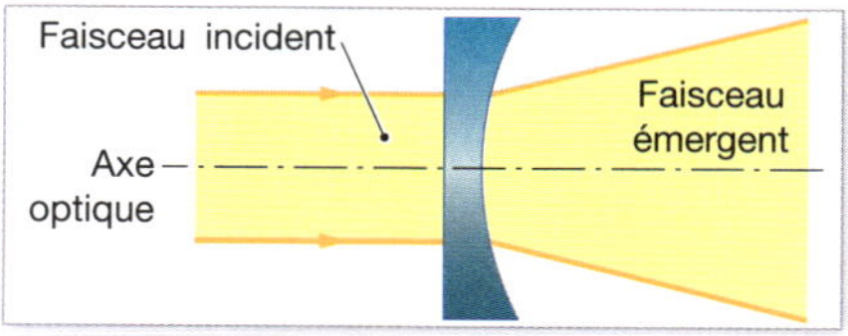

L'œil : accommodation, défauts et corrections

4

QUIZ p. 15

1 L'œil normal (ou emmétrope)

▶ Comme l'objet regardé n'est pas toujours à la même distance, l'œil doit « s'adapter » (→ FICHE 2). La profondeur de l'œil n'étant pas modifiable, le cristallin assure la fonction de **mise au point** en modifiant sa vergence (il sera plus ou moins convergent).

▶ En vision de loin, l'œil est au repos, l'image nette se forme sur la rétine. En vision de près, l'image nette se forme « en arrière » de la rétine : la perception sera donc floue (DOC. 1). Pour que l'image nette se forme sur la rétine, la vergence de l'œil doit augmenter (l'œil accentue ses capacités de convergence). Le cristallin fait la mise au point en adaptant sa forme (DOC. 2). Ce processus oculaire s'appelle l'**accommodation**.

Doc. 1 Mécanisme de l'accommodation.

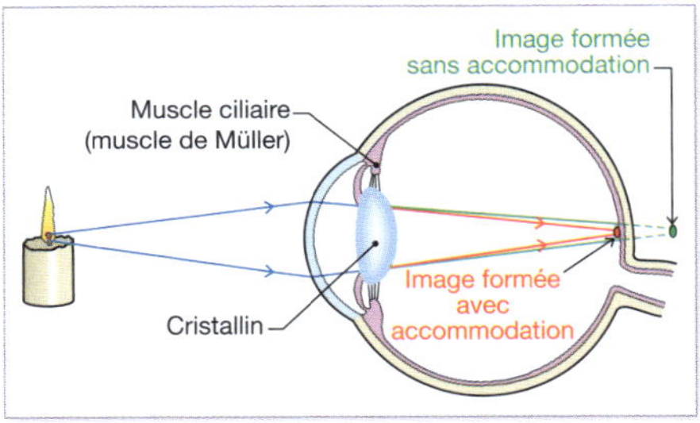

Doc. 2 Le cristallin adapte sa forme.

	Avec accommodation	Sans accommodation
Muscle ciliaire	contracté	relâché
Cristallin	épais et bombé	mince et allongé

▶ La **vergence** C d'un système optique correspond à l'inverse de sa distance focale f :

$$C = \frac{1}{f}$$

C en dioptrie (δ) ;
f en mètre (m).

La vergence d'une lentille convergente est positive. Celle d'une lentille divergente est négative.

EXEMPLE Un œil normal au repos – regard porté sur un paysage lointain, par exemple – a une distance focale de f de 17 mm, c'est-à-dire une vergence C de 59 dioptries : c'est la vergence minimale de l'œil. En vision proche la vergence de l'œil est maximale (environ 63 δ).

▶ Le point le plus proche sur lequel l'œil peut accommoder la vision se nomme le **punctum proximum.** Cette distance augmente avec l'âge (de 15 cm à 30 ans, elle passe à 50 cm à 50 ans) car le cristallin vieillit, perd en élasticité donc en capacité d'accommodation.

▶ Le **punctum remotum** est le point le plus éloigné que l'on peut observer nettement ; il est à l'infini pour un œil normal.

2 Quelques défauts de l'œil

Certains défauts de l'œil proviennent d'une inadaptation entre la longueur du globe oculaire et sa vergence : l'œil est amétrope (disproportionné).

A Myopie

L'œil est **myope** lorsque l'image nette d'un objet éloigné se forme en avant de la rétine (→ DÉPLIANT, II). Le plus souvent l'œil est « trop long », mais parfois la vergence de la cornée ou du cristallin est excessive. La myopie peut être corrigée à l'aide de verres divergents (lunettes ou lentilles de contact) ou encore par chirurgie (techniques laser ou implants intra-oculaires). Les techniques laser – très employées aujourd'hui – utilisent le laser Excimer : celui-ci permet de modeler la cornée pour en modifier la courbure aussi bien pour l'œil myope que pour l'œil hypermétrope.

B Hypermétropie

L'œil est **hypermétrope** lorsque l'image nette d'un objet éloigné se forme en arrière de la rétine (→ DÉPLIANT, II). L'œil est « trop court » ou encore sa vergence trop faible. Contrairement au myope, la vision d'un hypermétrope sera toujours plus satisfaisante de loin que de près. L'hypermétropie est compensée par des verres convergents ou par traitement chirurgical.

C Presbytie

Avec l'âge, l'œil accommode moins bien : la vision proche devient floue. On parle alors de **presbytie.**

Quiz express 5

Cochez la ou les bonnes réponses.

L'œil : système optique et formation des images

1 *Les conditions pour voir un objet*

Le trajet de la lumière correspond au schéma (selon la théorie actuelle) :

☐ a. 

☐ b. 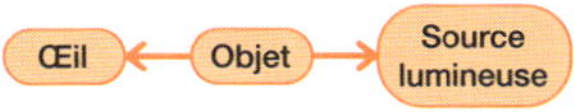

☐ c. 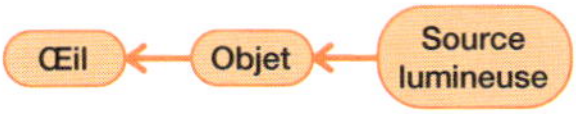

2 *L'œil réel et l'œil réduit*

Dans l'œil réduit, le cristallin est représenté par :

☐ a. un écran ☐ b. un diaphragme
☐ c. une lentille convergente

3 *Les caractéristiques des lentilles minces*

Une lentille mince convergente possède :	Vrai	Faux
a. des bords plus minces que le centre	☐	☐
b. la faculté de rétrécir un texte situé à quelques centimètres	☐	☐
c. la représentation symbolique suivante ↕	☐	☐

4 *L'œil : défauts et domaine de vision*

Dotée d'une vision normale, une personne voit net d'un point distant d'environ 25 cm (punctum proximum) jusqu'à l'infini (punctum remotum). L'œil ci-dessous est celui d'une personne :

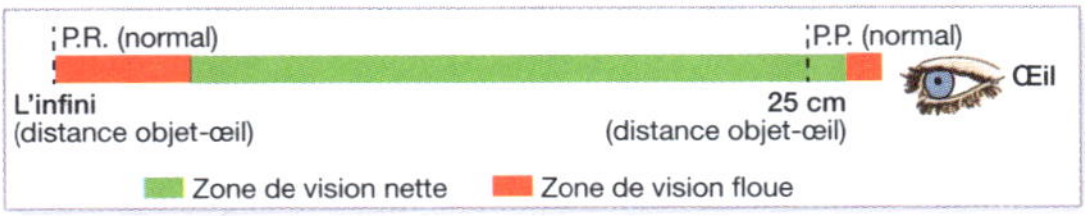

☐ a. hypermétrope ☐ b. presbyte
☐ c. myope ☐ d. emmétrope

Corrigés !

Score : ... / 4

1 Les conditions pour voir un objet

Fiche 1

Réponse c.

Tout objet que l'on voit est soit une source de lumière soit un objet diffusant. Ici, l'objet diffusant est éclairé par une source lumineuse. Une partie de la lumière diffusée par cet objet parvient jusqu'à notre œil.

2 L'œil réel et l'œil réduit

Fiche 2

Réponse c.

Dans l'œil réduit, le cristallin est modélisé par une lentille convergente. Dans l'œil réel, à mesure que l'objet regardé se rapproche, le cristallin accentue ses capacités de convergence permettant à l'image de rester toujours nette sur la rétine. Ainsi, dans le modèle réduit de l'œil, la lentille convergente aura une distance focale variable.

3 Les caractéristiques des lentilles minces

Fiche 3

a et c. Vrai.

Les lentilles convergentes sont plus épaisses au centre qu'aux bords. Elles ont donc une ou deux faces convexes.

b. Faux.

À quelques centimètres d'un texte, une lentille convergente grossit les mots : c'est l'effet loupe.

4 L'œil : défauts et domaine de vision

Fiche 4

Réponse c.

Dans la situation proposée, l'œil « voit » moins bien de loin que de près. En fait, le punctum remotum (P. R.) de cet œil, c'est-à-dire le point le plus éloigné de vision nette sans accommodation, est moins distant que dans le cas d'un œil normal. Cela caractérise la myopie. Ce trouble a deux origines : l'œil myope est un œil « trop long » ou encore ses capacités de convergence sont excessives.

Les caractéristiques des photorécepteurs rétiniens

6

QUIZ p. 25

1 La rétine, une membrane photosensible

▶ La rétine est la membrane la plus interne de l'œil. Accolée contre la choroïde, c'est une enveloppe très mince parcourue de nombreux vaisseaux sanguins (→ FICHE 2).

▶ La rétine est un **tissu nerveux** qui correspond au prolongement du nerf optique dans le globe oculaire. Elle est constituée de neurones dont certains sont sensibles à la lumière : **les photorécepteurs**.

2 Deux types de photorécepteurs

▶ La rétine possède deux types de photorécepteurs :
– les **bâtonnets** avec un segment externe de forme cylindrique ;
– les **cônes** avec un segment externe de forme conique (DOC. 1).

▶ Le segment externe des photorécepteurs est spécialisé dans la photoréception : il renferme des **pigments rétiniens** qui sont des **protéines** appartenant toutes à une même famille moléculaire, celle des **opsines**.

Doc. 1 Les deux types de photorécepteurs.

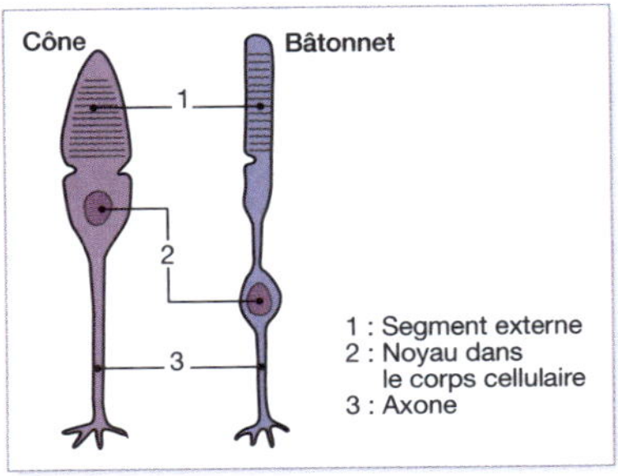

3 Pigments rétiniens et perception du signal lumineux

▶ Il n'existe qu'**un seul type de bâtonnets** car ils renferment tous le même pigment (la rhodopsine).

▶ Il existe en revanche **trois types de cônes.** Chaque type de cône possède un pigment ayant un maximum d'absorption pour une radiation de longueur d'onde donnée (DOC. 2) :

– les **cônes de type S** (= short) contiennent une opsine S « sensible au bleu », absorbant surtout les radiations de courte longueur d'onde du visible ;

– les **cônes de type M** (= médium) contiennent une opsine M « sensible au vert », absorbant surtout les radiations de moyenne longueur d'onde du visible ;

– les **cônes de type L** (= long) contiennent une opsine L « sensible au rouge », absorbant surtout les radiations de grande longueur d'onde du visible.

▶ Les cônes de type S sont les moins nombreux (2 %), ceux de type L les plus nombreux (64 %) et ceux de type M représentent 32 % des cônes.

DOC. 2 Absorption des différentes radiations lumineuses par les pigments rétiniens.

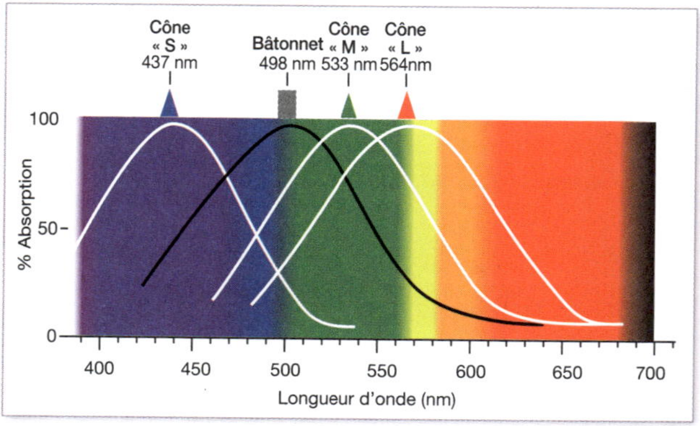

▶ Un type de cônes ne peut être responsable à lui seul de la vision d'une couleur : les spectres de ces cônes se superposant partiellement, un stimulus lumineux d'une longueur d'onde donnée sera plus ou moins absorbé par chaque type de cône. Cette plus ou moins grande absorption de la lumière par les trois types de cônes est à l'origine de notre sensibilité visuelle des couleurs dite **trichromatique.**

Propriétés des photorécepteurs et vision du monde

7

QUIZ p. 25

1 Des photorécepteurs aux propriétés différentes

▶ Les **bâtonnets** sont plus sensibles à la lumière que les cônes (DOC. 1), en revanche leur temps d'adaptation aux changements de conditions d'éclairement (ex. : lorsqu'on passe d'un endroit éclairé à un endroit sombre) est plus long que celui des cônes. Avec un seul type de pigment, ces récepteurs ne peuvent pas distinguer les couleurs.

DOC. 1 Seuil de sensibilité en fonction de la longueur d'onde des quatre types de photorécepteurs.

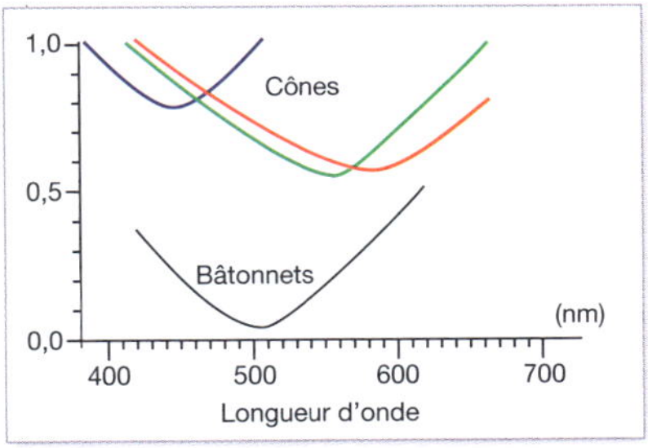

▶ Les **cônes** ne fonctionnent que si la luminosité est importante mais peuvent s'adapter très rapidement à des changements d'intensité et permettent une vision haute résolution des objets.

2 Vision et conditions d'éclairement

▶ Dans les conditions de **faible éclairement** (vision pré-nocturne), seuls les bâtonnets sont stimulés : la faible acuité et la non-distinction des couleurs font que notre perception des objets est floue et dans les nuances de gris ; d'où l'expression « La nuit tous les chats sont gris ! »

▶ Pour des **éclairements plus importants** (vision diurne), les bâtonnets étant saturés, seuls les cônes sont fonctionnels et permettent ainsi une perception colorée et précise des objets.

3 *Vision centrale et périphérique*

▶ Chaque rétine possède de **5 à 7 millions de cônes** pour environ **130 millions de bâtonnets.** Cependant la répartition de ces photorécepteurs n'est pas la même.

• Au niveau de la **rétine centrale** (région de la **fovéa**), il y a principalement des cônes (→ RABATS, II). C'est donc dans cette zone que l'acuité visuelle (DOC. 2) et la vision des couleurs sont optimales.

• En dehors de la fovéa, les cônes sont rares, les bâtonnets, de plus en plus nombreux à la périphérie de la rétine : dans cette zone, l'acuité visuelle est donc faible (DOC. 2) et la vision des couleurs, mauvaise.

▶ De plus, une zone précise de la rétine nommée « **point aveugle** » est dépourvue de photorécepteurs et donc de sensibilité à la lumière : ce point est situé à l'endroit où les fibres des neurones se rejoignent pour former le nerf optique.

DOC. 2 Variation de l'acuité visuelle selon l'éloignement de l'objet par rapport à l'axe optique.

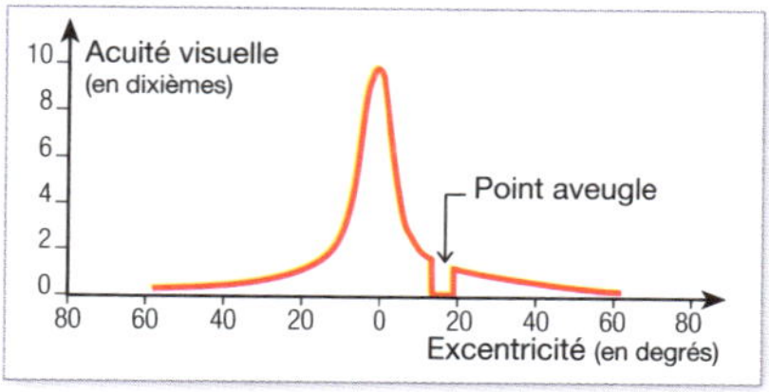

4 *Visions du monde altérées par des anomalies des photorécepteurs*

▶ Dans la forme la plus commune du **daltonisme,** les personnes affectées sont incapables de différencier le rouge du vert. Cette anomalie est liée à l'absence de cônes M sensibles aux radiations vertes.

▶ **L'achromatopsie** : les individus atteints sont incapables de reconnaître les couleurs, ils sont achromates. Ils ne distinguent les éléments qui les entourent que par différentes intensités lumineuses et par des niveaux de gris. Une des formes de cette déficience s'explique par une absence des pigments qui permettent de voir les couleurs.

Étude comparée des pigments rétiniens des Primates

8

QUIZ p. 25

1 Les pigments rétiniens sont déterminés génétiquement

▶ Comme toute protéine, chaque pigment photosensible ou **opsine** est codé par un gène.

▶ Chez l'Homme, les gènes codant pour l'opsine L « sensible au rouge » et l'opsine M « sensible au vert » sont localisés sur le chromosome X ; le gène codant pour l'opsine S « sensible au bleu » est localisé sur le chromosome 7.

Doc. 1 Localisation chromosomique des gènes codant pour les opsines humaines.

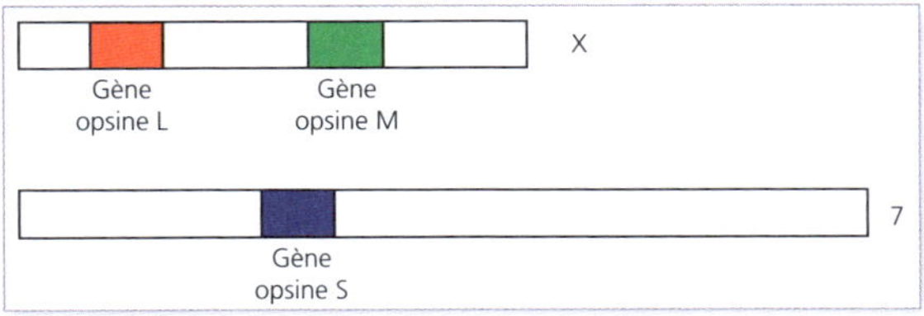

▶ Des **anomalies de la vision des couleurs**, d'origine génétique, confirment la localisation des gènes codant pour les opsines humaines. C'est le cas par exemple des deux anomalies suivantes, toutes deux liées à une anomalie génétique sur le chromosome X.

• Le **daltonisme** est une anomalie beaucoup plus fréquente chez les hommes (8 % de la population française) que chez les femmes (0,6 %). L'homme n'ayant qu'un seul chromosome X, toute mutation sur le gène codant pour l'opsine L ou M peut entraîner une forme de daltonisme.

• L'**achromatopsie incomplète** est une anomalie de la vision des couleurs dans laquelle un seul type de cône reste fonctionnel, les cônes S (sensibles au bleu).

2 Étude comparée des pigments rétiniens et place de l'Homme parmi les Primates

▶ Chez les Primates, certaines espèces possèdent deux gènes codant pour les opsines, leur vision est donc dichromatique. En revanche, les Primates Catarrhiniens (Chimpanzé, Gorille, Orang-outan, Macaque…) possèdent tous, comme l'Homme, trois gènes codant pour les opsines : ils partagent donc avec l'Homme le caractère de la **vision trichromatique**.

▶ Tous les Primates possèdent le gène codant pour une opsine S « sensible au bleu ». Il est donc possible d'établir des relations de parenté au sein du groupe des Primates à partir de la comparaison de ce pigment.

▶ La comparaison des séquences d'acides aminés des opsines S chez quelques primates permet de construire **la matrice d'identité** suivante (DOC. 2).

DOC. 2 Pourcentage d'identité entre les molécules d'opsine S de quelques Primates.

	Bonobo	Chimpanzé	Gorille	Macaque	Capucin
Homme	100 %	100 %	99,7 %	96 %	92,5 %

▶ Lorsque des gènes ou des protéines présentent beaucoup de similitudes dans leurs séquences, on les qualifie de **molécules homologues**. Plus les similitudes entre des molécules homologues sont grandes, plus les espèces qui les possèdent sont apparentées.

▶ L'Homme, ayant des opsines S très similaires à celles du Bonobo (Chimpanzé nain), du Chimpanzé et du Gorille, est donc, parmi les Primates, plus apparenté à ces « grands singes » (DOC. 3).

DOC. 3 Arbre de parenté établi à partir de la comparaison des molécules d'opsines de quelques Primates.

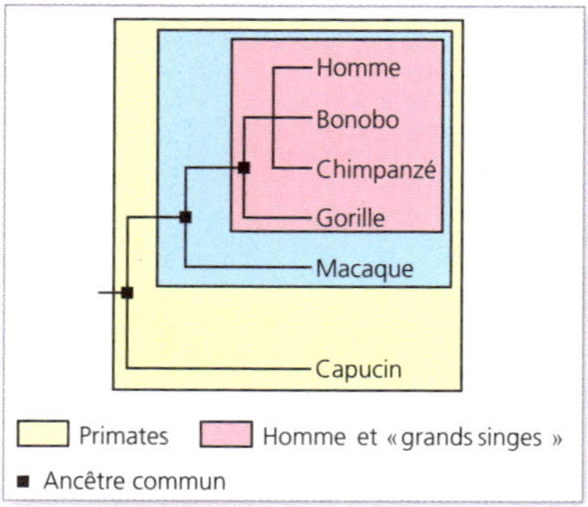

Des photorécepteurs aux aires visuelles cérébrales

9

QUIZ p. 25

La vision est une fonction sensorielle essentielle qui nous permet une perception permanente du monde extérieur. Si l'œil est bien un système optique, notre représentation visuelle du monde est le résultat d'une **construction cérébrale** à partir des signaux lumineux perçus par l'œil.

1 *Du signal lumineux au message nerveux visuel*

▶ Les cellules photosensibles de la rétine (cônes et bâtonnets) sont des neurones qui convertissent le signal lumineux qu'ils perçoivent en signal nerveux.

▶ La lumière absorbée par les pigments photosensibles permet donc l'élaboration globale d'un **message nerveux visuel**, de nature électrique qui sera ensuite acheminé par le nerf optique vers le cerveau.

2 *De la rétine au cerveau : les voies empruntées par le message nerveux*

▶ Le champ visuel est la région de l'espace dans laquelle un œil, immobile et fixé sur un point, est capable de détecter des stimuli visuels. Il est séparé en deux parties : le champ nasal (vers le nez) et le champ temporal (vers la tempe) (DOC. 1).

DOC. 1 Un exemple de limites du champ visuel de l'œil droit.

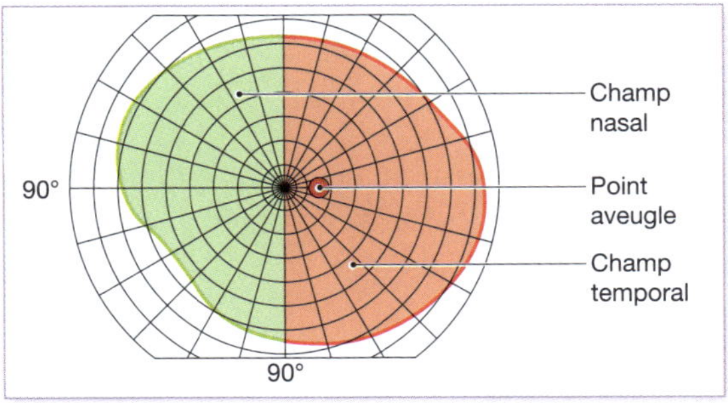

▶ Des pertes de champ visuel liées à des lésions accidentelles permettent de reconstituer les voies nerveuses empruntées par le message nerveux visuel (→ RABATS, I).

▶ Les fibres nerveuses du nerf optique transportent les messages nerveux visuels issus de la rétine de chacun des deux yeux vers une zone de croisement des voies nerveuses : le **chiasma optique** (DOC. 2).

▶ Les messages nerveux sont ensuite transmis à d'autres neurones connectés à une aire cérébrale spécialisée : le **cortex visuel primaire**, par l'intermédiaire de la zone du **relais cérébral**.

▶ Au niveau du chiasma optique, seules les fibres nerveuses qui transportent les informations issues des champs visuels temporaux se croisent. Par conséquent, chaque cortex visuel reçoit les informations issues du champ visuel nasal d'un œil et les informations issues du champ temporal de l'autre œil. Les **parties droites de chaque champ visuel** sont donc analysées par le **cortex visuel gauche** et vice versa.

DOC. 2 **Les voies nerveuses, de la rétine au cerveau.**

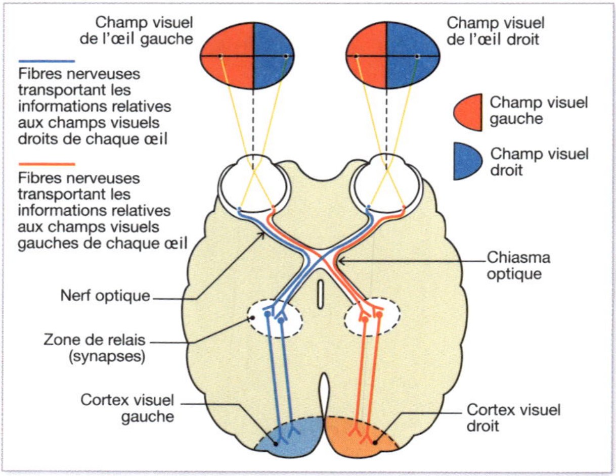

Quiz express 10

Cochez la ou les bonnes réponses.

Vision du monde : de l'œil au cerveau

1 Caractéristiques des photorécepteurs rétiniens

Les cônes :

- ☐ a. sont plus sensibles à la lumière que les bâtonnets
- ☐ b. permettent une vision haute résolution des objets
- ☐ c. ont une densité importante dans la fovéa

2 Propriétés des photorécepteurs et vision du monde

La vision centrale :

- ☐ a. est plus précise que la vision périphérique
- ☐ b. permet une grande sensibilité aux faibles éclairements
- ☐ c. ne permet pas de distinguer les couleurs

3 Un trouble de la vision des couleurs, le daltonisme

Le daltonisme :

- ☐ a. est plus fréquent chez les femmes que chez les hommes
- ☐ b. correspond toujours à l'incapacité de distinguer la couleur rouge du vert
- ☐ c. a une origine génétique

4 Place de l'Homme parmi les Primates

L'étude comparée des opsines chez les Primates :

- ☐ a. montre qu'ils ont tous une vision trichromatique
- ☐ b. est possible car ils possèdent tous une opsine bleue
- ☐ c. montre que l'Homme est plus apparenté aux gorilles qu'aux chimpanzés

5 Des photorécepteurs aux aires visuelles cérébrales

Le cortex visuel de l'hémisphère droit reçoit des informations :

- ☐ a. des champs visuels gauches de chaque œil
- ☐ b. des champs visuels droits de chaque œil
- ☐ c. du champ nasal de l'œil gauche et du champ temporal de l'œil droit
- ☐ d. du champ nasal de l'œil droit et du champ temporal de l'œil gauche

Corrigés !

Score : ... / 5

1 Caractéristiques des photorécepteurs rétiniens

Fiche 7

Réponses b et c.

- Les cônes permettent une perception colorée et précise des objets.
- les cônes sont essentiellement présents au niveau de la rétine centrale et rares en dehors de la fovéa.

2 Propriétés des photorécepteurs et vision du monde

Fiche 7

Réponse a. Au niveau de la rétine centrale, il y a principalement des cônes qui permettent une vision colorée et précise des objets.

3 Un trouble de la vision des couleurs, le daltonisme

Fiche 7

Réponse c. Les gènes codant pour les opsines L « sensible au rouge » et M « sensible au vert » sont localisés sur le chromosome X, donc toute mutation sur ces gènes peut entraîner une forme de daltonisme : absence de vision des rouges (protanopie), de vision des verts (deutéranotopie)...

4 Place de l'Homme parmi les Primates

Fiche 8

Réponse b.

- Certains Primates n'ayant pas d'opsine M « sensible au vert » ont une vision dichromatique.
- L'opsine S de l'Homme montre 100 % d'identité avec celle du Chimpanzé et 99,7 % avec celle des Gorilles.

5 Des photorécepteurs aux aires visuelles cérébrales

Fiche 9

Réponses a et d. Ce sont uniquement les fibres issues des champs visuels temporaux qui se croisent au niveau du chiasma optique. Les champs gauches, temporal de l'œil gauche et nasal de l'œil droit sont donc analysés par le cortex visuel droit.

Aires cérébrales et perception visuelle

11

QUIZ p. 35

L'identification des régions cérébrales responsables de la perception visuelle a été établie à partir de cas cliniques de lésions cérébrales ainsi qu'à partir de données d'imagerie fonctionnelle du cerveau.

1 *Identification des aires visuelles*

A La fonction des aires visuelles

▶ La partie superficielle du cerveau se nomme le **cortex**. Cette surface est découpée en différentes aires qui ont des fonctions différentes. Les **aires visuelles** se situent à l'arrière des deux hémisphères, au niveau des lobes occipital et temporaux.

▶ Il existe de nombreuses aires impliquées dans la vision : une aire visuelle primaire et de nombreuses aires visuelles secondaires. L'ensemble constitue le **cortex visuel**.

Doc. 1 Localisation des différentes aires visuelles.

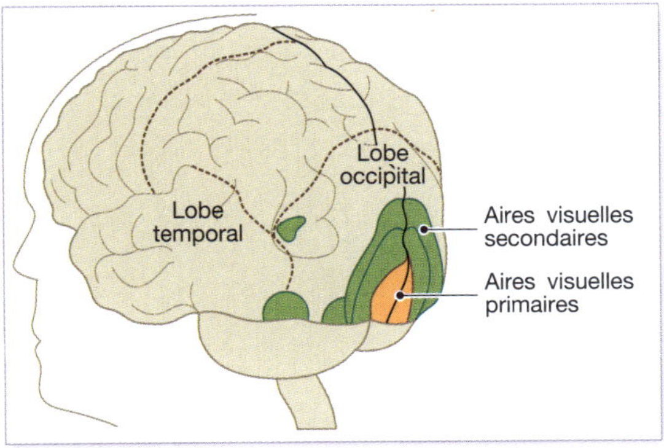

▶ Des **lésions cérébrales**, provoquées par exemple par un accident vasculaire cérébral, ont permis de connaître la fonctionnalité des différentes aires visuelles.

• Une **lésion** partielle **de l'aire visuelle primaire** entraîne l'impossibilité de voir dans une région du champ visuel. Une lésion totale de l'aire visuelle primaire entraîne la perte complète de la vision.

• L'achromatopsie cérébrale est une perte de la vision des couleurs chez des personnes ayant subi une **lésion du cortex visuel** à la périphérie de l'aire visuelle primaire. Cependant, elles perçoivent parfaitement les formes et le mouvement.

B La localisation des aires visuelles

Les **techniques d'imagerie fonctionnelle** permettent de repérer les zones actives du cortex cérébral : celles-ci sont caractérisées par des variations minimes de la circulation sanguine. Ces techniques ont permis d'**observer les aires activées** dans différentes situations.

▶ Dans le cas d'une personne ayant des illusions avec des couleurs intensifiées, les aires suivantes sont activées :

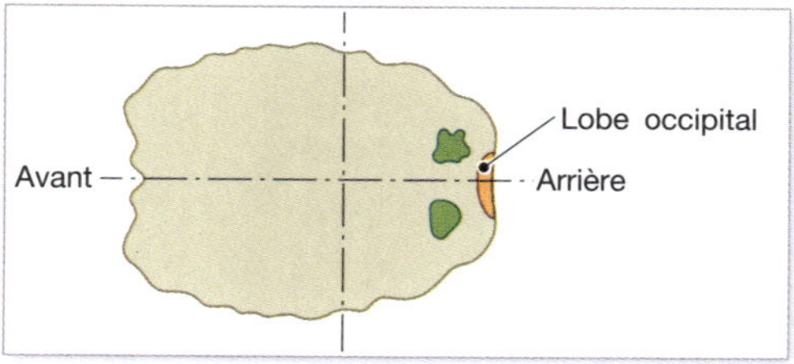

▶ Dans le cas d'une personne ayant des illusions avec formes distordues et en mouvement, les aires suivantes sont activées :

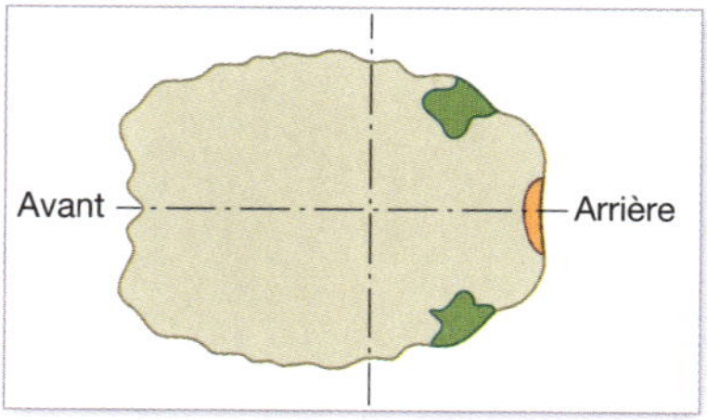

2 *Aires visuelles et perception visuelle*

▶ Ces différentes données montrent que les messages nerveux provenant des deux rétines arrivent **d'abord dans l'aire visuelle primaire.**

▶ Puis, l'information est traitée en parallèle dans différentes **aires spécialisées,** par exemple dans la reconnaissance des couleurs, des formes, ou du mouvement.

Aires cérébrales et plasticité du cerveau

12

? QUIZ p. 35

En une fraction de seconde, notre cerveau reconnaît les mots et accède à leur sens. Cette opération, plus complexe qu'il n'y paraît, résulte d'un long apprentissage : il faut au moins trois ans à un enfant qui apprend à lire pour reconnaître des mots de façon automatique.

1 *Aires cérébrales et activité de lecture*

▶ Les techniques d'imagerie fonctionnelle montrent que, lors d'une activité de lecture (DOC. 1), **plusieurs aires cérébrales** sont **activées**. En effet, lire une phrase écrite active non seulement les aires visuelles mais aussi les aires du langage oral.
Et, inversement, chez les personnes qui savent lire, entendre un mot active la zone spécialisée dans la reconnaissance de sa forme écrite.

Doc. 1 Activités des régions cérébrales de l'hémisphère gauche en réponse à la lecture de phrases écrites par comparaison (en médaillon) à celles impliquées dans le langage oral.

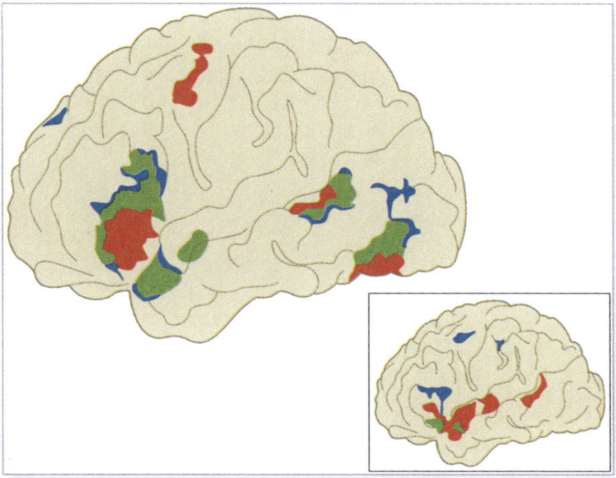

▶ La reconnaissance d'un mot écrit nécessite donc une **collaboration entre plusieurs aires cérébrales** : les aires visuelles et celles liées au langage et à la mémoire.

2 *Apprentissage de la lecture et plasticité cérébrale*

▶ La capacité de pouvoir reconnaître des mots et d'accéder à leur sens résulte d'un long apprentissage qui repose sur la **réorganisation de régions cérébrales préexistantes**, initialement dédiées à d'autres fonctions mais suffisamment plastiques pour se reconvertir dans l'identification de mots écrits.

▶ Chez les analphabètes, l'aire visuelle qui, chez les lecteurs, décode les mots écrits, permet la reconnaissance visuelle des objets et des visages.

▶ Au cours de l'apprentissage de la lecture, l'activité de l'aire visuelle responsable de la reconnaissance des visages diminue légèrement à mesure que la compétence de lecture augmente.

▶ En revanche l'activité de l'aire visuelle spécialisée pour la forme écrite des lettres (DOC. 2) augmente à la fois chez les alphabétisés à l'âge adulte et ceux scolarisés depuis l'enfance. La **plasticité cérébrale** est donc responsable d'une réorganisation partielle du cortex cérébral.

DOC. 2 Activité de l'aire visuelle spécialisée dans l'analyse de la forme des lettres pour différents individus.

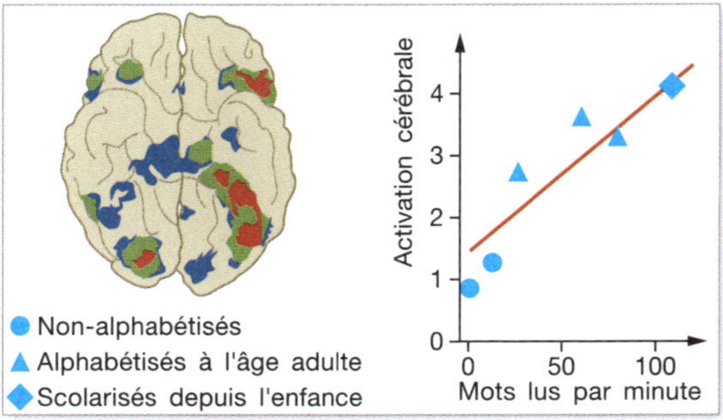

La chimie de la perception : la transmission synaptique

13

QUIZ p. 35

1 Communication nerveuse et synapses

▶ La perception visuelle n'est possible que si le message nerveux visuel transporté par le nerf optique est transmis, au niveau du relais cérébral, aux neurones reliés aux aires visuelles. Cette transmission s'effectue au niveau de zones de communication entre les neurones : **les synapses.**

▶ Chaque synapse est caractérisée par l'existence d'une **fente synaptique**, de 20 à 30 nm de large, qui sépare la membrane du neurone présynaptique de la membrane du neurone postsynaptique.

▶ Les membranes des deux neurones n'étant pas directement en contact, le message nerveux, sous sa forme électrique, ne peut pas passer d'un neurone à l'autre.

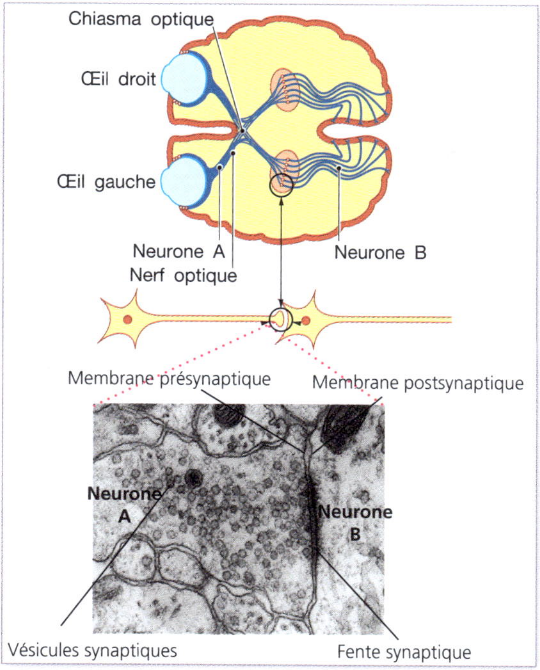

2 *Synapses et transmission chimique du message nerveux*

▶ La transmission du message nerveux au niveau d'une synapse est assurée par l'intermédiaire d'une substance chimique, le **neurotransmetteur**.

▶ Les molécules de neurotransmetteurs sont stockées dans les nombreuses **vésicules présynaptiques**, situées à l'extrémité du neurone présynaptique.

▶ Les différentes étapes de la transmission du message d'un neurone à l'autre sont les suivantes (DOC. 2) :
– l'arrivée (1) d'un message nerveux électrique au niveau de la terminaison du neurone présynaptique provoque la libération (2), dans l'espace synaptique, des neurotransmetteurs ;
– la fixation (3) des neurotransmetteurs sur des **récepteurs spécifiques** situés sur la membrane du **neurone postsynaptique**, déclenche (4) la genèse d'un **message nerveux postsynaptique** de nature électrique ;
– les neurotransmetteurs sont rapidement dégradés et les produits de dégradation sont recapturés par le neurone présynaptique pour être recyclés (5). L'effet qu'ils provoquent ne dépasse pas 10 à 15 millisecondes.

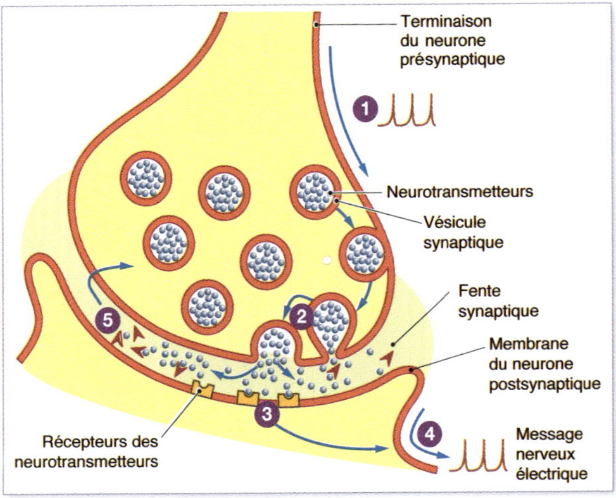

Les perturbations chimiques de la perception

14

QUIZ p. 35

1 Drogues et perturbations de la perception visuelle

A Les substances hallucinogènes

▶ Certaines substances sont dites **hallucinogènes** : elles perturbent la perception visuelle de l'individu qui les absorbe.

▶ De nombreuses substances hallucinogènes sont présentes naturellement dans des végétaux (certains champignons notamment), d'autres sont des produits de synthèse, c'est le cas du LSD, « acide » synthétisé à partir d'une substance extraite d'un champignon parasite (l'ergot de seigle).

B Le LSD

▶ Le LSD est le plus puissant des hallucinogènes connus. Selon les doses absorbées les effets peuvent varier :
– les doses faibles font apparaître des **illusions visuelles** : couleurs intensifiées, luminosité accrue, formes distendues et semblant animées de mouvements ;
– à plus forte dose la personne va « voir » des objets, des personnes… que ses yeux ne perçoivent pas : on parle d'**hallucinations**.

▶ Les effets du LSD surviennent une demi-heure après l'ingestion et durent entre cinq et douze heures. Des épisodes d'hallucinations ou **« flash-back »** peuvent persister plusieurs jours ou semaines après une consommation. Ils se produisent généralement de façon brutale, sans signes précurseurs, ce qui, en raison de leur nature, les rend particulièrement dangereux.

▶ La molécule de LSD a une structure moléculaire proche de celle de la sérotonine, qui est un des neurotransmetteurs des synapses de la zone de relais des voies visuelles (DOC. 1).

▶ Cette similitude de structure permet au LSD d'agir au niveau des synapses, en se fixant sur les mêmes récepteurs que la sérotonine, provoquant ainsi des perturbations dans la transmission du message nerveux visuel, à l'origine des hallucinations.

Doc. 1 Modélisation des molécules de sérotonine et de LSD.

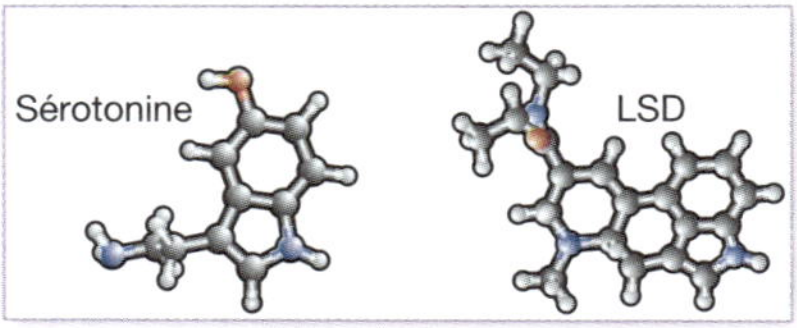

2 *Dangers de la consommation des drogues*

▶ Les neurotransmetteurs impliqués dans la vision participent à la transmission des messages nerveux dans d'autres régions du cerveau. C'est pourquoi les substances hallucinogènes entraînent des troubles de l'organisme caractéristiques des drogues : troubles de la mémoire, crises de panique, d'angoisse pouvant aller jusqu'à la dépression.

▶ Une **drogue** est une substance psychoactive ou psychotrope, c'est-à-dire qui a des effets sur le psychisme. Les drogues sollicitent anormalement le « système de récompense » (→ FICHE 43) et engendrent à terme la possibilité de son déséquilibre permanent. Le fait de ne plus pouvoir s'arrêter de prendre une drogue pour obtenir une sensation de plaisir constitue une **toxicomanie**.

▶ Une prise répétée au cours du temps d'une drogue engendre des risques comme :

– l'**accoutumance** ou tolérance : nécessité d'augmenter continuellement les doses prises afin d'obtenir le même effet ;

– la **dépendance physique** : marquée par l'apparition, en cas d'arrêt de prise de drogue, de troubles physiologiques caractéristiques du syndrome d'abstinence : sueurs, vomissements, diarrhées, tremblements, douleurs diverses, etc. ;

– la **dépendance psychologique** : caractérisée par l'**état de manque**, c'est-à-dire une souffrance psychologique très difficile à supporter, liée au besoin irrépressible de reprendre régulièrement de la drogue.

La dépendance peut s'installer de façon brusque ou progressive, en fonction de l'individu et de la drogue consommée.

▶ Toute consommation de drogue induit aussi des risques sociaux comme les accidents de la route ou domestiques, l'échec scolaire, professionnel ou familial, des violences, la marginalisation, la délinquance…

? Quiz express

Cochez la ou les bonnes réponses.

15

Vision du monde : de l'œil au cerveau

1 *Aires cérébrales et perception visuelle*

Les aires visuelles :

☐ a. se situent uniquement au niveau du lobe occipital

☐ b. peuvent être localisées par IRM car le débit sanguin est plus élevé à leur niveau lorsqu'elles sont actives

☐ c. possèdent toutes la même fonction dans la perception visuelle

2 *Aires cérébrales et plasticité du cerveau*

L'activité de lecture :

☐ a. nécessite uniquement la participation des aires visuelles

☐ b. nécessite la collaboration de plusieurs aires cérébrales

☐ c. résulte d'un long apprentissage

3 *La chimie de la perception : la transmission synaptique*

Une synapse est une zone où :

☐ a. les membranes de deux cellules nerveuses sont en contact

☐ b. la transmission du message nerveux est chimique

☐ c. la circulation du message nerveux est unidirectionnelle

4 *Les perturbations chimiques de la perception*

Les drogues hallucinogènes :

☐ a. possèdent une structure qui ressemble à celle d'un neurotransmetteur

☐ b. peuvent provoquer des « flash-backs »

☐ c. agissent sur la rétine, ce qui provoque des hallucinations

5 *Les dangers de la consommation des drogues*

La dépendance :

☐ a. s'installe toujours après une prise répétée au cours du temps d'une drogue

☐ b. peut être physique et psychologique

☐ c. nécessite d'augmenter les doses pour obtenir le même effet d'une drogue

Corrigés !

Score : … / 5

1 *Aires cérébrales et perception visuelle*

Fiche 11

Réponse b. Les aires visuelles se situent au niveau du lobe occipital et des lobes temporaux. Ces aires ont des fonctions diverses : reconnaissance des couleurs, des formes des objets ou des mots ou perception des mouvements. La localisation de ces aires est possible par les techniques d'imagerie fonctionnelle.

2 *Aires cérébrales et plasticité du cerveau*

Fiche 12

Réponses b et c. L'activité de lecture résulte d'un long apprentissage et nécessite une collaboration entre plusieurs aires cérébrales : les aires visuelles et, par exemple, celles liées au langage et à la mémoire.

3 *La chimie de la perception : la transmission synaptique*

Fiche 13

Réponses b et c. Les membranes de deux neurones n'étant pas directement en contact au niveau d'une synapse, la transmission du message nerveux au niveau d'une synapse est assurée par l'intermédiaire de substances chimiques, les neurotransmetteurs. Ces derniers étant stockés dans des vésicules, situées à l'extrémité du neurone présynaptique, le message nerveux ne peut être transmis que du neurone présynaptique vers le neurone postsynaptique.

4 *Les perturbations chimiques de la perception*

Fiche 14

Réponses a et b. Le LSD, puissant hallucinogène, a une structure moléculaire proche de celle de la sérotonine, un des neurotransmetteurs impliqués dans la vision et peut provoquer des épisodes de « flash-backs ».

5 *Les dangers de la consommation des drogues*

Fiche 14

Réponse b. La dépendance peut s'installer de façon brusque en fonction de l'individu et de la drogue consommée. Elle peut être physique (troubles physiologiques caractéristiques du syndrome d'abstinence comme les tremblements, sueurs…) et psychologique (état de manque).

Couleurs et arts : colorants et pigments

16

QUIZ p. 43

1 Distinction entre colorants et pigments

Les colorants et les pigments sont des substances colorantes qui ont la propriété d'absorber tout ou partie du rayonnement lumineux (→ FICHE 18). La distinction entre les deux notions n'est pas rigide. Toutefois on admet généralement les faits suivants.

▶ Les **pigments** sont constitués d'éléments insolubles, c'est-à-dire qu'ils ne se dissolvent pas ou ne se mélangent pas directement avec le support. On va donc devoir les broyer finement avant de les incorporer dans un liant, plus ou moins fluide, et obtenir ainsi des enduits, des peintures, des encres, etc.

▶ Les **colorants** sont, quant à eux, parfaitement absorbables par le support : ils n'ont pas besoin d'un liant. On les utilise dans les industries du textile, des matières plastiques ou encore celles de l'agroalimentaire.

2 Approche historique

A Au Paléolithique

▶ Les principaux pigments que l'on retrouve sur les parois peintes des grottes du Paléolithique (grotte de Lascaux, grotte de Chauvet…) sont peu nombreux.

- Les **ocres** sont empruntées, en général, aux roches ferriques, constituées le plus souvent d'argiles et de pigments : jaune (exemple la goethite), rouge (l'hématite) ou brun (la limonite).
- Le **charbon** issu de bois brûlés ou d'os calcinés fournit le noir. Le charbon peut être utilisé directement sur la paroi ou bien broyé et mélangé à un liant (de la graisse animale par exemple).
- La **craie** ou le **kaolin** (argile très fine) sont utilisés pour le blanc.

▶ L'Homme du Paléolithique avait bien compris que les ocres jaunes (en grande quantité) donnaient des ocres rouges par chauffage. Il savait aussi mélanger un pigment à de la craie pour obtenir des dégradés ou encore associer différents pigments pour parvenir à des nuances dans les couleurs.

B Dans l'Antiquité

▶ Dans l'**Égypte antique**, deux couleurs dominent – le **bleu** et le **vert**. On retrouve ces couleurs dans les tissus, les temples, l'art statuaire (DOC. 1) ou encore les sarcophages. Le bleu découle du broyage d'une pierre semi-précieuse, le lapis lazuli mais aussi d'un pigment artificiel – le « bleu égyptien » – préparé à partir de silice, de calcium, de cuivre et d'un fondant sodique. C'est sans doute le tout premier colorant synthétisé par l'Homme, il y a environ 4 500 ans. Le pigment vert, quant à lui, provient d'une pierre, la malachite.

DOC. 1 Buste de Néfertiti (1350 ans av. J.-C.) conservé au musée égyptien de Berlin.

▶ Dans la ville romaine de **Pompéi**, ville détruite par l'éruption du Vésuve en l'an 79 après J.-C., les riches propriétaires utilisent le rouge pour orner les murs de leurs villas. Ce **rouge « vermillon »** est issu du cinabre, un minerai de sulfure de mercure réduit en poudre.

C Aux époques moderne et contemporaine

▶ La restauration (1990-1992) des noces de Cana du peintre italien Véronèse, fait découvrir aux scientifiques, historiens et conservateurs la richesse des pigments naturels (d'origine surtout minérale et végétale) disponibles dans l'**Italie du XVIe siècle** – pays dont le commerce avec l'Orient et l'Occident est florissant. On y trouve des **pigments précieux** : des jaunes orangés, des rouges vifs et du lapis-lazuli ; couleurs qui jouent un rôle majeur dans la lisibilité du tableau.

▶ Le **XIXe siècle**, avec la synthèse de la mauvéine par le chimiste W. H. Perkin, marque l'essor puis la **généralisation des colorants et pigments synthétiques**. Les impressionnistes (Monet, Manet, Degas, etc.) apprécient ces substances – souvent bon marché – provenant de la chimie moderne.

Extraire une substance colorée Facteurs influençant la couleur d'une espèce chimique

17

QUIZ p. 43

1 Extraction et séparation d'une espèce colorée

▶ Depuis des millénaires, la nature (les végétaux, les animaux, les pierres précieuses, les métaux, etc.) constitue pour l'Homme une source essentielle de **substances colorantes** (→ FICHE 16). La pourpre (coquillage du genre murex), le rouge carmin ou kermès (parasite du chêne kermès) ou encore le pastel (plante herbacée), ont fait la richesse des civilisations méditerranéennes. Depuis longtemps, l'Homme a donc su développer et perfectionner des techniques pour extraire ces espèces colorées.

▶ Différentes **méthodes physico-chimiques** permettent d'extraire et de séparer les espèces chimiques colorées les unes des autres.

• Si l'espèce à extraire est présente dans un solide, l'extraction est réalisée par **macération** (le trempage se fait à froid dans un solvant), par **infusion** (le solvant est porté à chaud avant le trempage) ou par **décoction** (l'espèce à extraire et l'eau sont portées à ébullition). On réalise ici une extraction solide-liquide.

• Si l'espèce à extraire est présente dans une solution aqueuse, on réalise une **extraction par solvant** (→ RABATS, IV). L'espèce intéressante va se dissoudre très facilement dans un solvant extracteur (choisi pour être peu miscible avec l'eau). Ce solvant est ensuite éliminé par évaporation. Il s'agit ici d'une extraction liquide-liquide.

▶ L'espèce colorée extraite peut être identifiée par **chromatographie**.

2 La chromatographie sur couche mince (CCM)

A Principe de cette technique

Cette technique, illustrée sur les rabats (→ RABATS, V), consiste à **séparer** et **identifier** des espèces chimiques présentes dans un mélange organique. On procède à l'identification par comparaison avec une substance de référence.

B Mise en œuvre expérimentale

▶ Une microgoutte d'un mélange M à analyser est déposée sur un support solide – la **phase fixe ou stationnaire** (papier ou plaque de silice). On dépose de la même manière une espèce chimique de référence R.

▶ Le support solide est placé dans une cuve contenant un fond de solvant(s) – la **phase mobile ou éluant**.

▶ La phase mobile migre par capillarité vers le haut sur la phase fixe, en entraînant les substances déposées en M et en R. Les espèces chimiques présentes migrent alors à des vitesses différentes selon leur affinité avec la phase fixe et leur solubilité dans la phase mobile. La **hauteur atteinte en fin de processus** est donc une caractéristique de l'espèce chimique entraînée.

3 *Facteurs influençant la couleur d'une substance*

▶ À l'instar de l'ocre jaune qui se transforme en ocre rouge, certaines substances colorées sont sensibles à la **chaleur**. Ces substances thermochromiques ont de multiples applications : encres pour lutter contre la contrefaçon, indicateurs de gel sur les routes ou de chaleur dans les cuillères pour bébé, etc.

▶ Certains colorants tels que les anthocyanes (présents dans le chou rouge par exemple) changent de couleur en fonction de l'**acidité** ou la **basicité** du milieu. Une décoction filtrée de chou rouge change de couleur en fonction du **pH** du milieu (DOC. 1).

▶ L'**humidité** peut aussi induire un changement de couleur de certaines substances chimiques. Le sulfate de cuivre anhydre (sans eau) est blanc mais en présence d'eau, il devient bleu.

▶ D'autres substances colorées sont sensibles au **rayonnement ultraviolet**. C'est le cas du jaune de chrome utilisé par Van Gogh dans *Les Tournesols* : sous l'effet des rayons du soleil, ces pigments ont noirci.

DOC. 1 Décoction de chou rouge. En a avec un peu d'acide chlorhydrique, en b avec un peu d'eau, en c avec un peu de soude.

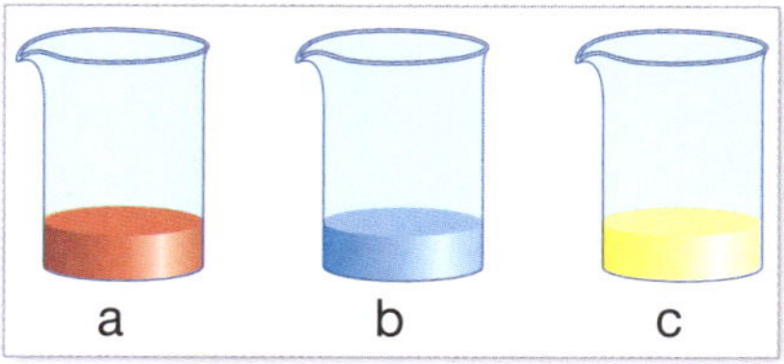

La perception des couleurs

18

QUIZ p. 43

La couleur n'est pas une « pellicule » déposée à la surface des objets, elle n'a pas d'existence matérielle, elle est le fruit d'une interprétation sensorielle de notre cerveau.

1 *La sensation de couleur*

▶ En 1672, Isaac Newton observe que la lumière blanche qui traverse un prisme est déviée et décomposée : elle est donc constituée de lumières colorées (DOC. 1).

▶ Aujourd'hui, nous parlons de **spectre** et de **radiations colorées**. Chaque radiation colorée est caractérisée par une grandeur physique : la **longueur d'onde**. L'œil capte ces radiations colorées, tandis que le cerveau conduit les sensations de couleur jusqu'à la perception. Le spectre du visible s'étend de 400 nm (violet) à 750 nm (rouge).

DOC. 1 Décomposition de la lumière blanche.

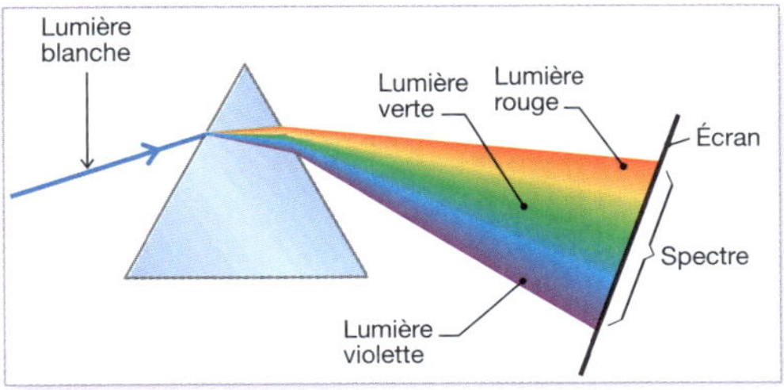

DOC. 2 Couleur d'un objet.

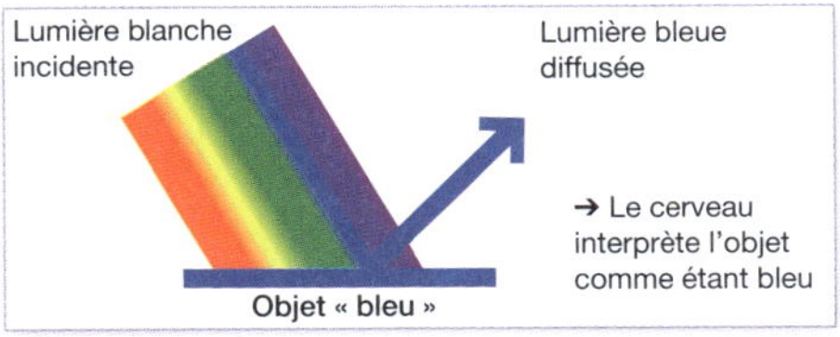

▶ Un objet ne peut diffuser que les lumières colorées qu'il reçoit. Il absorbe certaines lumières colorées grâce à ses pigments (DOC. 2).

▶ La couleur d'un objet correspond à la couleur de la lumière que l'objet diffuse vers notre œil et que notre cerveau interprète. Ce sont les radiations diffusées qui initient la « couleur » de cet objet.

2 Reproduire les couleurs

On peut générer des couleurs de deux manières : par synthèse additive ou par synthèse soustractive (DOC. 3).

▶ La **synthèse additive** consiste à combiner trois types de lumières – rouge, verte et bleue – pour produire toutes les autres lumières colorées. Le procédé est principalement utilisé dans les domaines du traitement électronique de l'image tels que télévision, écran d'ordinateur, appareil photo numérique… Les couleurs RVB (rouge, vert et bleu) sont dites couleurs primaires de la synthèse additive. Dans cette synthèse, la superposition de lumières colorées se traduit par plus de « clarté ». Par exemple, l'addition des lumières rouge, verte et bleue va donner de la lumière blanche.

▶ La **synthèse soustractive** consiste à retirer des lumières en utilisant des filtres ou des pigments. Le procédé est notamment utilisé en peinture ou en imprimerie. Les couleurs primaires soustractives sont le cyan, le magenta et le jaune. On les appelle aussi les couleurs fondamentales. Dans cette synthèse, le mélange de couleurs conduit à l'absorption de plus en plus de lumière donc à un « assombrissement ». Par exemple, la lumière blanche qui traverse un filtre cyan puis un filtre jaune, ressortira verte.

DOC. 3 Synthèse additive et synthèse soustractive.

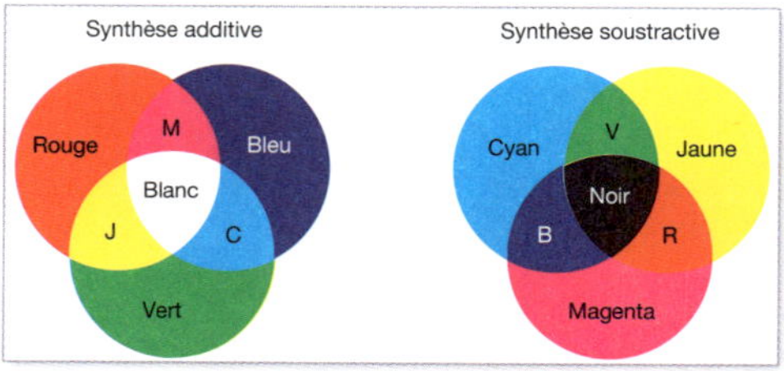

▶ Le **cercle chromatique** (→ DÉPLIANT, III ET IV) est une représentation des couleurs, sous forme circulaire, qui permet de trouver toutes les couleurs existantes sous la forme de douze couleurs de base.

Quiz express

Cochez la ou les bonnes réponses.

19

Couleurs et arts

1 Les caractéristiques des pigments

Les pigments sont :

	Vrai	Faux
a. solubles dans le liant avec lequel ils se trouvent	☐	☐
b. des substances naturelles uniquement	☐	☐
c. présents dans les peintures et les encres	☐	☐

2 La présence de colorants dans un mélange

Pour séparer et identifier des colorants présents dans un mélange homogène liquide, on utilise la technique de :

☐ a. la décantation
☐ b. la distillation
☐ c. la filtration
☐ d. la chromatographie

3 L'obtention des couleurs

La combinaison de couleurs présentée ci-contre correspond à :

☐ a. une synthèse multiplicative
☐ b. une synthèse soustractive
☐ c. une synthèse additive
☐ d. un cercle chromatique

4 La couleur d'un objet

Un citron nous paraît jaune lorsqu'il est éclairé par trois spots de lumière respectivement rouge, bleue et verte car ces pigments absorbent :

☐ a. les lumières rouge et verte et diffusent la lumière bleue
☐ b. les lumières rouge et verte et réfléchissent la lumière bleue
☐ c. la lumière bleue et réfléchissent les lumières rouge et verte
☐ d. la lumière bleue et diffusent les lumières rouge et verte

5 Les associations de couleurs

Les couleurs complémentaires sont les couples :

☐ a. rouge/vert
☐ b. bleu/vert
☐ c. violet/bleu
☐ d. violet/jaune

Corrigés !

Score : … / 5

1 Les caractéristiques des pigments

Fiche 16

a. Faux. Les pigments sont des substances colorantes insolubles dans le milieu d'emploi. Ce qui les distingue des colorants.

b. Faux. Un pigment peut être naturel, d'origine organique ou minérale mais il peut être aussi synthétique (le bleu de l'Égypte antique par exemple).

c. Vrai. Après les avoir finement broyés, on les mélange généralement à un liant plus ou moins fluide pour obtenir des peintures, des encres, des enduits.

2 La présence de colorants dans un mélange

Fiche 17

Réponse d. La chromatographie est une méthode séparative qui permet l'identification des différents composés d'un mélange. Le principe est basé sur les différences d'affinité des composés du mélange avec la phase fixe (le support) et avec la phase mobile (l'éluant).

3 L'obtention des couleurs

Fiche 18

Réponse c. La synthèse additive consiste à combiner trois types de lumières issues de sources lumineuses rouge, bleue et verte pour produire une nouvelle lumière colorée. L'addition des trois lumières rouge, bleue et verte donne la lumière blanche.

4 La couleur d'un objet

Fiche 18

Réponse d. Les pigments jaunes du citron diffusent les radiations rouges et vertes mais absorbent les radiations bleues. L'œil capte une part de ces radiations diffusées et le cerveau interprète cette sensation colorée en la perception d'un fruit de couleur jaune.

5 Les associations de couleurs

Fiche 18

Réponses a et d. Deux couleurs sont complémentaires si elles sont situées en face l'une de l'autre sur le cercle chromatique. Ainsi, la couleur complémentaire du bleu est l'orange, celle du rouge est le vert, pour le jaune il s'agit du violet.

Création et gestion des agrosystèmes

20

QUIZ p. 55

Une population de neuf milliards d'humains est prévue au XXIe siècle. L'agriculture repose sur la création et la gestion d'agrosystèmes dans le but de fournir des produits (dont les aliments) nécessaires à l'humanité.

1 *Les caractéristiques des agrosystèmes*

Un **agrosystème** est un écosystème artificiel, créé et aménagé par l'Homme, dans le but d'exploiter des espèces végétales ou animales qui seront non seulement source d'aliments mais aussi de matière première et d'énergie. La comparaison d'un agrosystème avec un écosystème naturel comme la forêt montre des différences importantes.

▶ Dans un écosystème naturel, les êtres vivants interagissent entre eux et avec leur milieu, l'Homme y intervient très peu : ces milieux sont naturellement équilibrés. En revanche, les agrosystèmes, intensément exploités, sont maintenus artificiellement, grâce à **l'intervention permanente de l'Homme**.

▶ La forêt est caractérisée par une grande biodiversité alors que dans les agrosystèmes, l'Homme exploite souvent **une seule espèce végétale ou animale** choisie pour son utilité. Pour produire l'espèce sélectionnée de manière intensive, l'Homme élimine généralement les autres espèces qui pourraient entrer en concurrence avec celle-ci, entraînant ainsi un appauvrissement de la biodiversité.

▶ Dans l'écosystème forestier, les exportations de matière organique sont rares (coupes tous les 50 à 100 ans), les feuilles et le bois morts qui tombent sur le sol subissent une dégradation par les décomposeurs (bactéries, champignons), ce qui permet une restitution naturelle d'éléments minéraux au sol.
Au contraire, dans un agrosystème, les **exportations de matière organique** sont le plus souvent annuelles (lors des récoltes) et **massives** (40 % pour le maïs-grain, presque totales pour les variétés fourragères) : la restitution naturelle des éléments minéraux au sol est donc très faible. L'Homme doit compenser l'appauvrissement du sol qui en résulte : un agrosystème est un **système déséquilibré**, il doit être **entretenu**.

2 La gestion des agrosystèmes

L'Homme entretient et gère les agrosystèmes en utilisant des apports ou en développant des techniques dans le but :
– de compenser les pertes liées à l'exportation de la biomasse ;
– de protéger l'espèce produite afin d'améliorer sa production.

A Compenser les pertes

▶ L'**apport d'engrais** compense l'exportation des sels minéraux du sol permettant ainsi la préservation de la fertilité des sols. Les engrais permettent aussi d'augmenter la production de matière végétale : ils peuvent être sous forme organique (lisier, fumier…) ou sous forme minérale (→ FICHE 24). Des analyses du sol permettent de vérifier que les apports maintiennent des teneurs satisfaisantes en éléments minéraux dans le sol.

▶ Les **apports en eau** sont indispensables pour les cultures et les élevages. Les quantités d'eau apportées, par irrigation par exemple, dans les cultures dépendent de la nature de l'espèce cultivée, de la nature du sol et du climat.

B Améliorer la production

▶ Des **ennemis très variés** peuvent diminuer la production dans les agrosystèmes :
– les parasites (champignons, bactéries, virus) qui vivent obligatoirement aux dépens d'autres espèces et sont responsables de nombreuses maladies ;
– les plantes adventices (ou « mauvaises herbes ») qui entrent en compétition avec les espèces cultivées en puisant l'eau et les sels minéraux dans le sol ;
– les prédateurs ou les ravageurs de cultures.

▶ Pour obtenir une meilleure production, le maintien d'un bon état sanitaire de l'agrosystème est donc nécessaire. Les moyens de **lutte phytosanitaire** sont très variés.
• Utilisation de produits chimiques : antibiotiques pour les élevages, **pesticides** pour les cultures. Ces derniers permettent notamment d'éliminer les insectes (**insecticides**), les champignons (**fongicides**), les « mauvaises herbes » (**herbicides**).
• Utilisation de moyens biologiques : **lutte biologique** comme l'épandage de coccinelles, prédateurs des pucerons qui peuvent ravager les cultures.
• Utilisation de **pratiques culturales** telles la rotation des cultures ou les cultures hors-sol qui peuvent limiter efficacement les ravageurs.

Choix d'une alimentation dans une perspective de développement durable

21

QUIZ p. 55

Nourrir l'humanité est un défi majeur qui ne pourra être relevé sans une perspective de développement durable. Le choix des pratiques agricoles doit donc prendre en compte leur coût énergétique et leur impact environnemental.

1 *Le rendement de la production dans les agrosystèmes*

▶ Dans les agrosystèmes, la production végétale est à la base de la production de matière des animaux d'élevage et d'une partie de la production humaine car les végétaux font partie de nos aliments. Cette succession d'êtres vivants dans laquelle chaque individu mange celui qui le précède constitue **une chaîne alimentaire**.

▶ Un **transfert de matière et d'énergie** se réalise tout au long d'une chaîne alimentaire, depuis les végétaux chlorophylliens jusqu'aux différents consommateurs. Ce transfert est évalué par le calcul du **rendement** (*R*) de la production d'un maillon de chaîne alimentaire :

$$R = \frac{\text{masse produite par un consommateur (ou sa valeur énergétique)}}{\text{masse de matière ingérée (ou sa valeur énergétique)}}$$

▶ Ce rendement est **généralement faible**, environ 15 % pour une vache (DOC. 1) car une partie de la matière ingérée est dégradée par la respiration et rejetée par les excréments.

DOC. 1 Flux d'énergie et de matière dans un agrosystème.
(Les masses sont exprimées en g de matière sèche · $m^{-2} \cdot an^{-1}$ et les valeurs énergétiques en kJ · $m^{-2} \cdot an^{-1}$.)

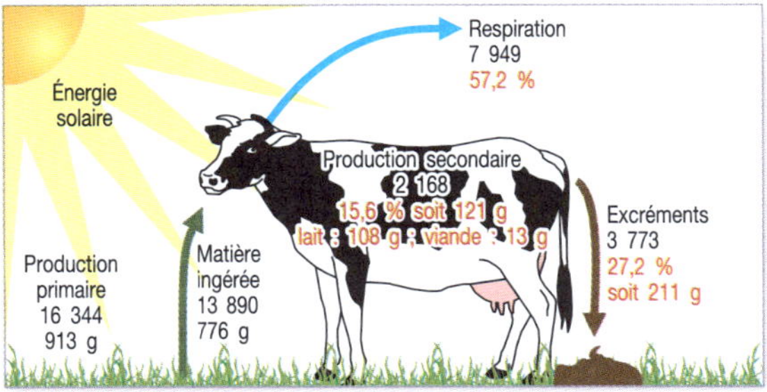

▶ La masse de matière produite par un consommateur est donc très inférieure à la masse de matière qu'il a ingérée. **La production de matière animale nécessite ainsi une importante production végétale** (environ 35 à 40 kg d'herbe fraîche sont nécessaires pour faire 1 kg de viande).

2 *Les impacts écologiques de l'alimentation*

Afin d'augmenter la production des agrosystèmes, l'Homme **a besoin d'énergie**, à la fois :
– pour les pratiques culturales (labours, récolte…) ou d'élevage (fabrication d'ensilage…) ;
– pour l'apport en eau (irrigation), la fabrication et l'épandage des engrais, des produits phytosanitaires…

▶ **Plus l'Homme « injecte » d'énergie dans un agrosystème, moins le rendement énergétique global** (rapport entre énergie produite et énergie consommée) **est intéressant.**

▶ La production animale nécessitant une importante production végétale, son bilan global de matière et d'énergie est encore plus défavorable pour l'environnement.

▶ Ainsi, **consommer de la viande ou un produit végétal n'a pas le même impact écologique.** Par exemple, la production d'un kilo de viande :
– utilise la même énergie et la même surface de terre que la production de 160 kg de pommes de terre ;
– engendre près de 80 fois plus de gaz à effet de serre que la production d'un kilo de blé ;
– nécessite 15 500 litres d'eau contre 900 litres pour un kilo de pommes de terre.
Cette prise en compte de l'impact écologique des productions agricoles conditionne donc le choix d'une alimentation d'origine animale ou végétale dans une perspective de développement durable.

Les impacts des pratiques agricoles sur l'environnement et la santé

22

QUIZ p. 55

L'accroissement de la population mondiale va nécessiter une augmentation des productions agricoles afin de satisfaire les besoins alimentaires. Il est donc indispensable de prendre en compte les impacts des pratiques agricoles sur l'environnement et la santé.

1 *Les impacts liés aux apports d'engrais*

▶ **Les nitrates, très solubles dans l'eau**, constituent la cause majeure de pollution par les engrais chimiques utilisés en agriculture. Apportés de manière excessive, ils ne sont pas absorbés en totalité par les végétaux et se retrouvent, par ruissellement, dans les eaux superficielles (cours d'eau, étangs et lacs) et, par infiltration, dans les nappes phréatiques, qui se trouvent alors contaminées.

▶ Les nitrates sont une réelle menace pour l'environnement : ils sont **à l'origine du développement excessif de végétaux** comme les algues (marées vertes), notamment en Bretagne.

▶ Scientifiques et médecins semblent relativement unanimes pour relativiser l'impact des nitrates sur la santé humaine. Cependant, la norme européenne autorisée pour une eau de boisson a été fixée, à partir des recommandations de l'OMS, à 50 mg · L^{-1} en fonction des risques encourus par les catégories de population les plus vulnérables (nouveau-nés surtout).
Par ailleurs, la **durée de persistance des engrais dans le sol** est très longue : même si l'on arrêtait aujourd'hui de fertiliser les sols, il faudrait plusieurs décennies pour retrouver une situation normale.

2 *Pratiques agricoles et ressources en eau*

▶ L'accroissement de la production agricole entraîne une augmentation des consommations d'eau, ce qui implique des prélèvements plus importants aussi bien dans les eaux de surface que souterraines.

▶ Dans certaines zones, **les prélèvements d'eau ont dépassé les possibilités de la ressource.** C'est le cas de la mer d'Aral dont l'exploitation a abouti à un désastre écologique sans précédent : pour la culture du coton, espèce très exigeante en eau, la surexploitation de l'eau des fleuves alimentant cette mer a eu pour conséquence une diminution de 75 % de sa surface (DOC. 1).

Doc. 1 Conséquence des prélèvements d'eau pour la culture de coton sur la mer d'Aral.

Autrefois quatrième plus grande étendue d'eau intérieure du monde, la mer d'Aral est aujourd'hui un lac salé au milieu d'un désert.

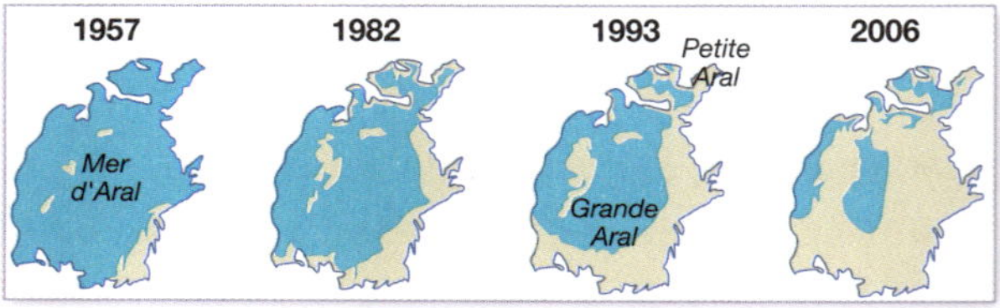

3 *Risques liés à l'utilisation de produits phytosanitaires*

▶ Utilisés de façon excessive, les pesticides peuvent aussi être entraînés par le ruissellement ou l'infiltration et se retrouver dans l'eau et les sols.

▶ Certains pesticides comme le DDT se dégradent très lentement dans la nature, ils peuvent donc être transmis tout le long des chaînes alimentaires, avec une concentration de plus en plus importante dans les organismes quand ils passent d'un niveau au suivant (DOC. 2).

Doc. 2 Concentration du DDT dans une chaîne alimentaire en ppm (partie par million).

Eau	Zooplancton	Petits poissons	Gros poissons	Oiseaux consommateurs de poissons
0,000 003	0,04	0,5	2	25

▶ Des études démontrent que l'exposition environnementale aux pesticides tend à augmenter le risque de développer certains cancers.

▶ Différentes molécules utilisées pour améliorer le rendement des élevages, tels les antibiotiques, peuvent également représenter un danger car leur utilisation excessive peut conduire à l'apparition de souches bactériennes résistantes.

L'amélioration des races animales et des variétés végétales

23

QUIZ p. 55

Sélectionner, multiplier des organismes à fort rendement peut être une solution pour améliorer les productions agricoles dans une gestion durable de l'environnement.

1 *Améliorer la production par la sélection génétique d'organismes performants*

▶ Pour obtenir des **producteurs plus performants** (de meilleur rendement, plus résistants aux maladies…) le sélectionneur choisit deux individus « parents » possédant chacun les qualités recherchées et qu'il souhaite retrouver associées dans leur descendance.

▶ À partir des parents sélectionnés, il est nécessaire de créer des **lignées pures** pour les caractères recherchés. Pour cela, on pratique des croisements entre végétaux ou des élevages consanguins par accouplements entre parents proches. Les descendants qui ne possèdent pas le caractère recherché ne sont pas retenus et l'opération est répétée pendant plusieurs générations, jusqu'à obtenir uniquement des individus présentant le caractère recherché (DOC. 1).

▶ Le croisement entre les lignées pures sélectionnées donne des **hybrides F1** (pour 1re fécondation). Ces hybrides sont tous identiques entre eux et sont plus performants car ils réunissent les caractères parentaux recherchés : on parle de « **vigueur hybride** ».

Doc. 1 Principe d'obtention d'une lignée pure pour un caractère donné.

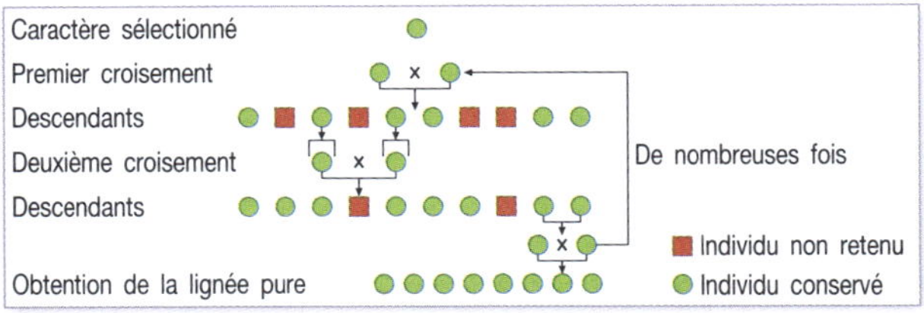

2 Améliorer les producteurs par des manipulations génétiques

▶ Dans le domaine de l'agriculture, la **transgenèse** consiste à transférer un gène d'intérêt agronomique afin d'améliorer génétiquement les producteurs.

▶ Pour les cultures, la transgenèse permet :
– de **produire plus** : en augmentant les rendements des cultures par le transfert par exemple d'un gène permettant aux végétaux de résister à des parasites ou des ravageurs ;
– de **produire mieux** : par le transfert par exemple de gènes améliorant la valeur nutritionnelle des végétaux.

▶ Pour les élevages, les effets recherchés sont :
– accélérer la croissance animale grâce au transfert du gène de l'hormone de croissance ;
– réduire les pathologies par l'obtention de lignées d'animaux devenus génétiquement résistants à des maladies.

3 Multiplier les producteurs performants par bouturage ou clonage

▶ La **reproduction asexuée** est la capacité que possèdent certains êtres vivants à se multiplier sans faire intervenir la fusion de deux gamètes de sexes opposés. Elle aboutit à la production d'un **clone** : ensemble d'individus génétiquement identiques entre eux.

▶ Plusieurs techniques peuvent être utilisées pour **cloner des espèces végétales** cultivées dont :
– le bouturage, multiplication d'un végétal en replantant un fragment de celui-ci (feuille, tige…) ;
– le clonage « in vitro », réalisé à partir de cellules prélevées au cœur des bourgeons ou de fragments d'organes.

▶ Les intérêts de cette technique sont d'obtenir :
– un grand nombre de plants rapidement, sans la contrainte imposée par les saisons et avec un encombrement minimal ;
– des individus sains, les cellules des bourgeons n'abritant jamais de virus. Ceci a permis de sauver des variétés qui étaient condamnées à disparaître.

▶ **Le clonage animal** est obtenu par « transfert de noyau » d'une cellule d'un animal donneur dans un ovule d'un animal receveur vidé de son noyau.

Engrais et produits phytosanitaires 24

? QUIZ p. 55

1 *L'utilité des engrais et des produits phytosanitaires*

▶ Un engrais apporte à un sol cultivé les éléments nutritifs nécessaires pour compenser les pertes dues à l'exportation de matière organique (→ FICHE 20). Ces **éléments fertilisants**, au nombre d'une vingtaine, sont ainsi regroupés :
– les **éléments de base** : il s'agit de l'azote (N), du phosphore (P) et du potassium (K) ;
– les **éléments secondaires** comme le calcium (Ca), le magnésium (Mg) et le soufre (S) ;
– les **oligoéléments** tels que le fer, le zinc, le chlore, etc.

▶ Généralement, on classe les engrais selon trois catégories :
– les **engrais minéraux** – produits par l'industrie chimique ou extraits de gisements naturels (potasse, phosphate) ;
– les **engrais organiques** – principalement d'origine animale (os broyés, cornes torréfiées, boues d'épuration…) ou d'origine végétale (déchets verts, algues, purin d'ortie…) ;
– les **engrais organo-minéraux** – engrais mixtes.

▶ Les **produits phytosanitaires** sont destinés à protéger les cultures de leurs nuisibles (→ FICHE 20). Leurs substances actives – d'origine naturelle ou synthétique – peuvent être minérales ou organiques.

2 *La composition chimique des engrais*

Un engrais simple ne contient qu'un seul élément fertilisant, sinon il s'agit d'un engrais composé.

A Les engrais sources d'azote

Les **engrais azotés** simples représentent pour la plante une source d'azote essentielle à la synthèse de ses protéines (molécules indispensables à son développement). On a principalement :

• les **engrais nitriques**. Ils ont une action très rapide, dite « coup de fouet » sur la végétation car les ions nitrate (NO_3^-) qu'ils contiennent sont directement assimilables par la plante. Ils sont aussi facilement lessivables par les eaux de pluie ;

- les **engrais ammoniacaux.** Ils contiennent des ions ammonium (NH_4^+) ; ceux-ci ne sont assimilables par la plante qu'une fois transformés en ions nitrate par les bactéries du sol ;
- les **engrais uréiques.** Ils subissent une hydrolyse dans le sol, puis une nitrification (transformation en ions nitrate).

B Les engrais sources de phosphore

Les **engrais phosphatés** simples contribuent au développement des racines et accroissent la résistance de la plante. Ils proviennent principalement de minerais phosphatés traités à l'acide.

C Les engrais sources de potassium

Les **engrais potassiques** simples favorisent le développement des fleurs et des fruits. Ils sont principalement issus d'un minerai, la sylvinite (potasse d'Alsace).

3 *Le titrage d'un engrais*

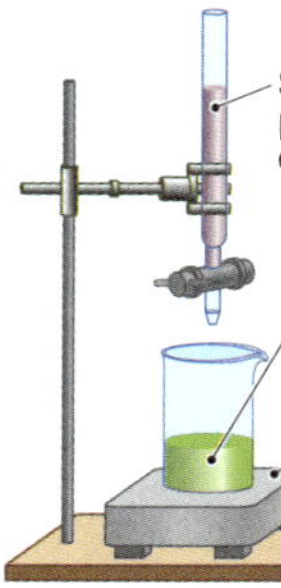

▶ Effectuons le titrage d'un engrais (détermination par dosage de la concentration d'une espèce chimique qu'il contient) : diluons 100 fois un engrais minéral liquide utilisé contre le jaunissement prématuré des feuillages (chlorose ferrique des fruitiers) ; dosons les ions fer II qu'il contient.

La fin du dosage est repérée par un changement de coloration dans le bécher (= coloration violette).

▶ On réalise deux dosages : l'un de 100 mL d'une solution étalon de concentration massique $0,3\ g \cdot L^{-1}$ en ions fer II ; l'autre de 100 mL de solution d'engrais. On note le volume de permanganate de potassium versé en fin de dosage (volume V_T) :

Doc. 1 Titrage d'un engrais.

	Solution étalon	Solution d'engrais
Concentration en ions fer II	$0,3\ g \cdot L^{-1}$	C ?
Volume versé V_T	10 mL	17 mL

Donc $C = 0,3 \times 17/10 = 0,51\ g \cdot L^{-1}$ dans l'engrais dilué 100 fois. Dans l'engrais initial on a donc $51\ g \cdot L^{-1}$ d'ions fer II.

Quiz express

Cochez la ou les bonnes réponses.

25

Vers une agriculture durable

1 Création et gestion des agrosystèmes

Dans un agrosystème :

☐ **a.** l'Homme intervient très peu

☐ **b.** la restitution naturelle des éléments minéraux au sol est très faible

☐ **c.** existe une grande biodiversité

2 Alimentation et développement durable

La production de 1 kg de viande engendre :

☐ **a.** la même quantité d'eau qu'un kg de pommes de terre

☐ **b.** un impact écologique bien supérieur à celui d'un kg de blé

☐ **c.** le même coût énergétique qu'un kg de pommes de terre

3 Les impacts des pratiques agricoles

	Vrai	Faux
a. L'utilisation d'engrais pour les cultures n'a pas de conséquences pour l'environnement	☐	☐
b. Certaines pratiques agricoles entraînent des consommations en eau excessives	☐	☐
c. L'utilisation du DDT ne présente pas de risque car il se dégrade très rapidement dans la nature	☐	☐

4 L'amélioration des races animales et des variétés végétales

Le clonage :

☐ **a.** consiste à hybrider deux espèces.

☐ **b.** peut être réalisé par bouturage.

☐ **c.** consiste à insérer des nouveaux gènes dans un végétal.

5 Utilité et origine des engrais

Un engrais :

	Vrai	Faux
a. prévient les maladies des plantes	☐	☐
b. apporte aux sols cultivés les éléments N, P et K	☐	☐
c. résulte toujours de la chimie de synthèse	☐	☐

Corrigés !

Score : … / 5

1 Création et gestion des agrosystèmes

Fiche 20

Réponse b. Dans un agrosystème, la restitution naturelle des éléments minéraux au sol est très faible car la matière organique est exportée de façon massive lors des récoltes. L'Homme doit donc compenser l'appauvrissement du sol qui en résulterait en apportant des engrais afin de préserver la fertilité des sols.

2 Alimentation et développement durable

Fiche 21

Réponse b. La production d'un kilo de viande engendre près de 80 fois plus de gaz à effet de serre qu'un kilo de blé !

3 Les impacts des pratiques agricoles

Fiche 22

a. Faux. Les nitrates sont une réelle menace pour l'environnement : ils sont à l'origine par exemple des marées vertes.
b. Vrai. C'est le cas de la mer d'Aral dont l'exploitation a eu pour conséquence une diminution de 75 % de sa surface.
c. Faux. Le DDT se dégrade très lentement dans la nature, il peut donc être transmis tout le long des chaînes alimentaires avec une concentration de plus en plus importante dans les organismes.

4 L'amélioration des races animales et des variétés végétales

Fiche 23

Réponse b. Le bouturage ou le micro-bouturage in vitro permettent de cloner un végétal à partir d'un fragment de celui-ci (feuille, tige, bourgeon…)

5 Utilité et origine des engrais

Fiche 24

a. Faux. Un engrais a pour but de fertiliser un sol cultivé ; c'est-à-dire qu'il lui apporte les éléments nutritifs perdus lors des récoltes antérieures et indispensables à une bonne croissance des plantes. En parallèle, les produits phytosanitaires vont prévenir les maladies des plantes ou encore les soigner.
b. Vrai. N, P et K sont les éléments fertilisants de base apportés par les engrais. Ceux-ci fournissent par ailleurs des éléments secondaires et des oligoéléments.
c. Faux. Les engrais peuvent être produits par l'industrie chimique mais ils peuvent être aussi d'origine naturelle (déjections animales, débris végétaux, etc.).

Le sol : milieu d'échanges de matière

26

QUIZ p. 63

1 Qu'est-ce qu'un sol ?

▶ Le **sol** est la partie superficielle de la croûte terrestre. Pendant des millénaires, des processus physiques, chimiques et biologiques désagrègent et altèrent la roche mère pour aboutir aux particules minérales du sol : sables, limons et argiles.

▶ Les végétaux se fixent dans le sol, y puisent des ions minéraux et après leur mort, vont être décomposés par des bactéries et des champignons. Cette **matière organique** végétale et animale en décomposition – appelée **humus** – est un autre des constituants essentiels du sol au même titre que les **matières minérales**, l'**eau** et l'**air**.

▶ Le sol joue un rôle primordial dans le cycle de l'eau ainsi que dans le transport et la transformation d'éléments chimiques tels que l'azote, le carbone, le phosphore…

2 Le rôle de l'eau

▶ Non seulement l'eau est indispensable à la subsistance de tous les êtres vivants (plantes, animaux et êtres humains), mais elle joue, dans le sol, un double rôle à la fois dans la transformation d'espèces chimiques et dans le transport des substances dissoutes ou en suspension. Ce transport lui-même fait évoluer la composition du sol en profondeur.

▶ L'eau participe à différentes **transformations chimiques** (hydrolyse, oxydoréduction, etc.) que les matières minérales et organiques du sol vont subir. Un certain nombre d'espèces chimiques vont se retrouver en solution dans l'eau. La plupart sous forme d'ions : on parle alors de **solutions ioniques**. Dans ces solutions, il y a deux types d'**ions** :
– les **anions**, chargés négativement : ion nitrate $\left(NO_3^-\right)$, ion sulfate $\left(SO_4^{2-}\right)$, ion carbonate $\left(CO_3^{2-}\right)$;
– les **cations**, chargés positivement : ion sodium $\left(Na^+\right)$, ion calcium $\left(Ca^{2+}\right)$, ion magnésium $\left(Mg^{2+}\right)$, ion fer II $\left(Fe^{2+}\right)$.

▶ À noter qu'une solution ionique est toujours **électriquement neutre.** Cela signifie que la totalité des charges positives portées par les cations de la solution est compensée par les charges négatives des anions.

3 *Le rôle du complexe argilo-humique*

▶ Les argiles et l'humus du sol s'associent pour former, grâce à l'action stabilisatrice de certains cations (l'ion calcium notamment), le **complexe argilo-humique** (CAH). La particularité de ce complexe est de retenir à sa surface un certain nombre d'ions de la solution de sol (DOC. 1) :

– les **cations**, sont retenus facilement du fait de leur charge électrique opposée au (CAH) (les charges contraires s'attirent) (DOC. 2) ;

– les **anions**, ne seront pas retenus (DOC. 2) – exception faite des ions phosphate $\left(PO_4^{3-}\right)$ qui vont se lier aux ions calcium. Ainsi les ions nitrate non retenus par le sol vont se retrouver lessivés par les eaux de ruissellement.

▶ Le complexe argilo-humique constitue un réservoir d'éléments nutritifs pour la plante.

Doc. 1 Schéma de la structure du CAH.

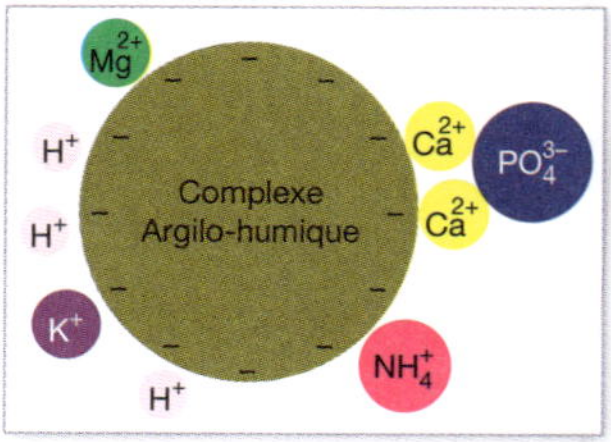

Doc. 2 Le CAH retient certains ions.

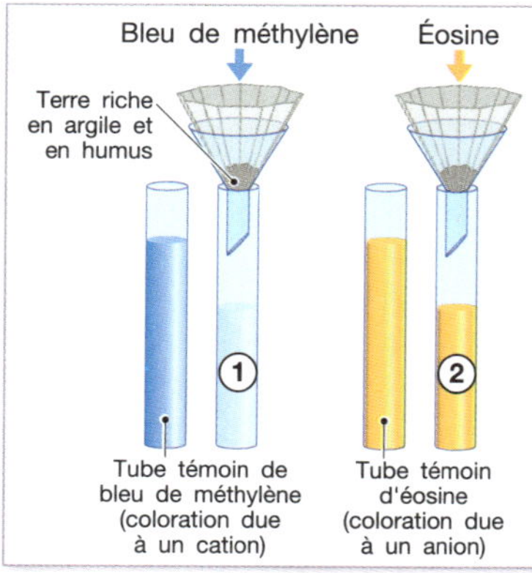

① Les cations du bleu de méthylène ont été retenus par la terre : le filltrat est incolore.

② Les anions de l'éosine n'ont pas été retenus : le filtrat reste coloré.

L'eau de consommation

27

QUIZ p. 63

1 *L'eau dans notre environnement*

▶ L'eau est très abondante sur notre planète, mais elle est très inégalement répartie et seule une part très limitée de cet élément est réellement utilisable pour notre consommation (DOC. 1) : c'est ce que l'on appelle **« l'eau disponible »**. Il convient donc de gérer au mieux la ressource.

▶ L'eau destinée à un usage domestique peut être prélevée dans des nappes souterraines, à la sortie de sources, ou dans des eaux de surface (rivières, lacs, etc.).

DOC. 1 Les réserves d'eau sur Terre.

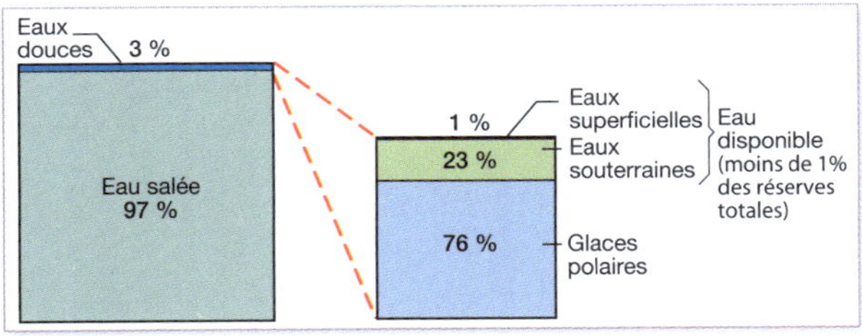

2 *Les différentes eaux de consommation*

▶ L'**eau du robinet** provient d'une « eau brute » d'origine « superficielle » ou souterraine. Avant d'être distribuée aux consommateurs, elle est rendue potable par traitements et répond alors à des normes de qualité très précises (→ FICHE 28).

▶ L'**eau de source** est naturellement propre à la consommation humaine, elle ne subit donc pas de traitement chimique. Son captage est souterrain et protégé des risques de pollutions.

▶ L'**eau minérale** est une eau de source dont la composition minérale, la qualité et la saveur ne varient pas. Cette eau possède des propriétés thérapeutiques reconnues par l'Académie nationale de médecine.

3 La composition chimique d'une eau minérale

Les eaux minérales n'ont pas la même composition puisque celle-ci dépend de la nature des terrains géologiques dans lesquels les eaux ont voyagé, du temps de contact avec les roches, etc. Cette composition est définie par un ensemble de critères : résidu à sec, composition en ions, pH, dureté.

A Le résidu à sec

Le résidu à sec correspond à la **masse de matière restant après évaporation et chauffage** à 180 °C. Une eau est très peu minéralisée avec moins de 50 $mg \cdot L^{-1}$ de masse résiduelle ; elle est très fortement minéralisée si cette masse dépasse 1500 $mg \cdot L^{-1}$.

B Les ions dissous

Une eau minérale contient de nombreux ions dissous (ions calcium Ca^{2+}, ions sodium Na^{+}, ions chlorure Cl^{-}, etc.).

C Le pH

Le pH est une échelle qui **traduit le caractère acide** $(pH < 7)$ **ou basique** $(pH > 7)$ de l'eau. Il se mesure en général à l'aide d'un pH-mètre.

D La dureté de l'eau

▶ La dureté de l'eau ou titre hydrotimétrique est une **mesure de sa concentration en ions calcium et magnésium**. Les qualificatifs vont de « très douce » ou « douce » si cette concentration est faible, à « dure » ou « très dure », si elle est élevée.

▶ Les éléments magnésium et calcium sont indispensables à l'organisme ; une **eau dure** ne sera donc pas néfaste à la consommation humaine. Toutefois, savons et détergents moussent moins avec une eau dure, ce qui conduit à des lavages moins efficaces et une surconsommation de lessive. D'autre part, les ions calcium vont précipiter sous forme de carbonate de calcium ou **tartre** entraînant des dépôts dans les cafetières, fers à repasser, etc.

▶ Une **eau douce** peut, à l'inverse, provoquer certains risques sanitaires, car elle est corrosive pour les canalisations : la corrosion entraîne la présence de substances (plomb, cuivre, etc.) nocives à la consommation, ou encore le développement de bactéries aux points de fuite éventuels.

De l'eau naturelle à l'eau potable

28

QUIZ p. 63

1 Les critères de potabilité de l'eau

▶ Une eau est considérée comme potable lorsqu'elle **peut être bue à raison de deux litres par jour** toute une vie, sans risque pour la santé.

▶ En France, 63 paramètres permettent de contrôler la qualité de l'eau : ils concernent le caractère sain de l'eau (absence de micro-organismes, quantité limitée de substances indésirables ou toxiques) mais aussi ses caractéristiques organoleptiques (odeur, saveur, turbidité) et physicochimiques (pH, température, etc.).

2 Le traitement de l'eau

▶ L'eau brute, captée, est traitée dans une usine de production d'eau potable afin d'être **rendue propre à la consommation humaine**. Elle y subit de nombreuses interventions qui la font répondre aux paramètres de potabilité. Il existe principalement deux voies d'opération :
– la première, la plus répandue, utilise des **traitements chimiques** ;
– la deuxième, qui tend à se développer, repose sur les technologies récentes de **nanofiltration**.
Toutes les usines ne procèdent pas au même traitement car celui-ci dépend de la qualité de l'eau brute captée.

▶ Un traitement complet de l'eau brute (DOC. 1) comprend en général trois grandes étapes.
• Le **prétraitement** élimine les gros déchets en les retenant par une grille (dégrillage) et pour supprimer le fer, le manganèse et les algues, par oxydation à l'ozone notamment.
• La **clarification** tend à supprimer les particules en suspension. Pour faciliter cette étape, on utilise des réactifs chimiques qui agglomèrent les particules les plus fines (procédés de coagulation et floculation) : rendues plus lourdes, ces particules sont plus facilement retirées par décantation puis par filtration. À la fin de cette étape, l'eau est claire.
• L'**affinage** élimine les germes pathogènes tels virus et bactéries, ainsi que les micropolluants organiques comme les pesticides. Cette

étape utilise les procédés d'ozonisation et de filtration sur charbon actif.

▶ Avant que l'eau ne soit envoyée dans le réseau de distribution, on procède encore à une **chloration** pour éviter tout risque de contamination ultérieure.

Doc. 1 Les étapes du traitement de l'eau potable.

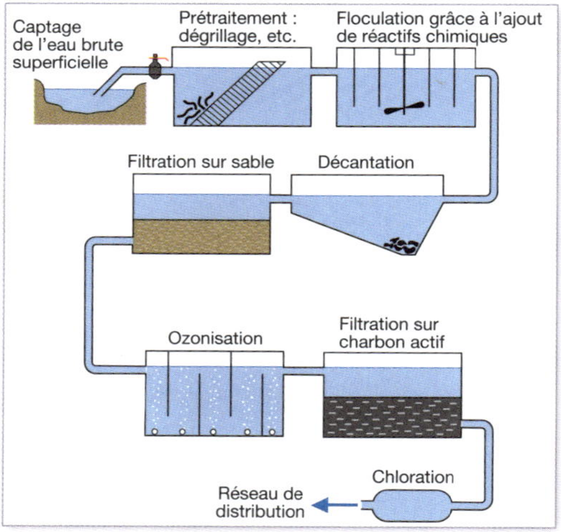

3 *L'adoucissement d'une eau dure*

Pour éviter les désagréments d'une eau dure (→ FICHE 27), on peut utiliser un adoucisseur d'eau. Le plus souvent, cet appareil réduit la dureté de l'eau **en remplaçant les ions calcium et magnésium par des ions sodium**. Une résine échange les ions (DOC. 2) ; une fois saturée en ions calcium et magnésium, un rinçage par une solution riche en ions sodium régénère la résine.

Doc. 2 Résine échangeuse d'ions.

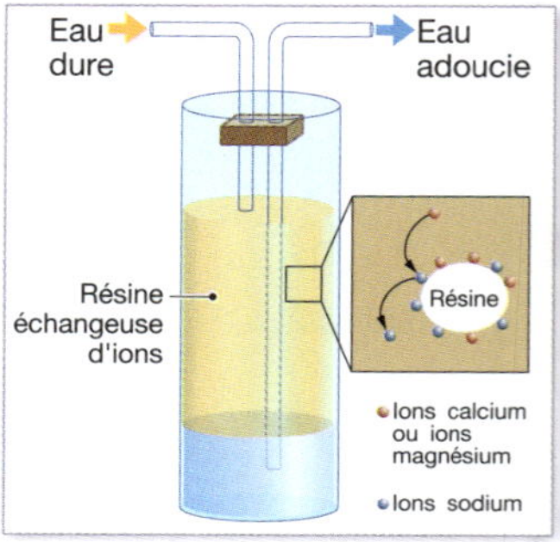

? Quiz express

Cochez la ou les bonnes réponses.

29

Qualité des sols et de l'eau

1 *La formation des sols*

Pour qu'un sol se forme, il faut :	Vrai	Faux
a. des milliers d'années	☐	☐
b. des matières minérales uniquement	☐	☐
c. des éléments solides, liquides et gazeux	☐	☐

2 *Le rôle du complexe argilo-humique*

Le complexe argilo-humique (CAH) :

☐ a. joue un rôle dans la fertilité d'un sol

☐ b. retient les anions de la solution de sol

☐ c. résulte d'une association d'eau et d'humus

☐ d. porte une charge externe positive

3 *Les ions présents dans l'eau*

Parmi les ions présents dans l'eau du robinet, lesquels correspondent à des anions ?

☐ a. SO_4^{2-} ☐ b. Na^+ ☐ c. Mg^{2+} ☐ d. NO_3^-

4 *La nature électrique de l'eau*

Lorsqu'un échantillon d'eau est électriquement neutre, cela signifie que :

☐ a. son pH vaut 7

☐ b. les charges positives et négatives des ions présents se compensent

☐ c. l'eau n'est ni dure ni douce ; elle a un degré hydrotimétrique intermédiaire

5 *La dureté de l'eau*

Une eau dure :

☐ a. entartre les appareils ménagers (fer à repasser…)

☐ b. n'est pas conseillée à la consommation humaine

☐ c. est due à la présence importante d'ions calcium Ca^{2+} et magnésium Mg^{2+}

☐ d. est corrosive pour les canalisations de distribution

☐ e. fait mousser abondamment les savons et les détergents

Corrigés !

Score : … / 5

1 *La formation des sols*

Fiche 26

a. Vrai. C'est à l'échelle des millénaires que la roche mère se désagrège sous l'effet de processus physiques, chimiques et biologiques.

b. Faux. Les matières minérales telles que les limons, les argiles, les sables sont des constituants essentiels du sol mais ce ne sont pas les seuls. Les matières organiques végétale et animale, l'eau et l'air sont également des éléments primordiaux.

c. Vrai. Le sol est constitué de trois fractions : solide (les sables, les argiles, des matières organiques…) ; liquide – appelée solution de sol (l'eau et les substances dissoutes) – et gazeuse (les constituants de l'air ainsi que certains produits de la décomposition des matières organiques).

2 *Le rôle du complexe argilo-humique*

Fiche 26

Réponse a. Le complexe argilo-humique constitue un véritable réservoir d'éléments nutritifs pour la plante. Il résulte de l'association de particules d'argile et d'humus sous l'action liante des ions calcium. Sa surface, chargée négativement, fixe essentiellement les cations (+) de la solution de sol.

3 *Les ions présents dans l'eau*

Fiche 27

Réponses a et d. Les anions sont des espèces chimiques chargées négativement à l'instar des ions chlorure (Cl^-), sulfate (SO_4^{2-}) et nitrate (NO_3^-).

4 *La nature électrique de l'eau*

Fiche 27

Réponse b. L'eau, comme toutes les solutions ioniques, est électriquement neutre.

5 *La dureté de l'eau*

Fiche 28

Réponses a et c. La dureté de l'eau donne une évaluation de sa teneur en ions calcium et magnésium.

- Une eau dure a des inconvénients : chauffée, elle conduit à l'entartrage des cafetières, des fers à repasser, etc. ; elle induit aussi une surconsommation de détergents car ils moussent moins bien.
- *A contrario*, elle présente l'avantage d'être moins corrosive pour les canalisations. Elle apporte aussi une part du calcium et du magnésium nécessaires au corps humain.

Biologie des micro-organismes et conservation des aliments

30

QUIZ p. 73

1 Les micro-organismes, source d'intoxications alimentaires

▶ Les micro-organismes (**bactéries, moisissures et levures**) que l'on retrouve dans les aliments peuvent provenir de l'aliment lui-même ou être apportés par l'environnement.

▶ La **conservation des aliments** implique notamment d'empêcher le développement de ces micro-organismes, qui peuvent dégrader les aliments et dont certains sont pathogènes.

▶ Les effets pathogènes de certains de ces micro-organismes sont liés à leur présence elle-même ou aux **toxines** qu'ils libèrent.

▶ La consommation d'un aliment contaminé par un micro-organisme pathogène peut alors entraîner une **toxi-infection** (ou une intoxication) alimentaire. C'est le cas de la salmonellose, toxi-infection la plus fréquente due à une bactérie, la salmonelle.

2 Biologie des micro-organismes et conservation des aliments

La mise en œuvre de certaines techniques de conservation nécessite une connaissance de la biologie de ces micro-organismes.

A Le développement des micro-organismes

Par **division cellulaire** (bactéries), **bourgeonnement** (levures) ou **production de spores**, les micro-organismes peuvent se multiplier rapidement : dans des conditions favorables, le temps nécessaire à une bactérie pour se diviser est de l'ordre de 20 à 30 minutes. Si ce rythme se maintient, cela fait plusieurs milliards de bactéries au bout de 24 heures !

B Les facteurs de développement des micro-organismes

La multiplication du nombre de micro-organismes dépend de la nature des aliments mais aussi des conditions physico-chimiques :

▶ La **température** : certains micro-organismes ne se développent pas à basse température, d'autres au contraire peuvent le faire (→ FICHE 31). De plus, on ne constate aucun développement de bactéries pathogènes pour une température supérieure à 63 °C. Les spores pathogènes, plus résistantes, nécessitent cependant une température supérieure à 100 °C pour être détruites.

▶ L'**humidité** : l'eau des aliments est en partie liée aux molécules qui les constituent et n'est donc pas disponible pour les micro-organismes. Seule l'eau « libre » est disponible : plus cette quantité d'eau est importante (le maximum étant pour l'eau pure), plus les micro-organismes se développent. Les bactéries ont besoin de beaucoup d'eau libre, les moisissures sont les plus résistantes.

Doc. 1 Limites de développement des micro-organismes en fonction de la quantité d'eau libre.

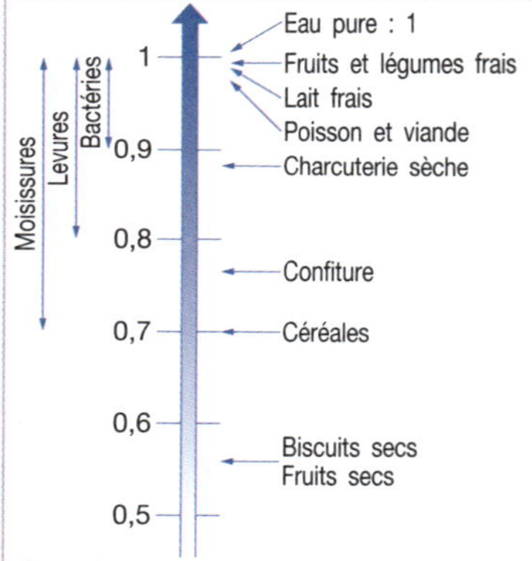

Quantité d'eau libre dans les aliments exprimée en fonction de celle de l'eau pure

▶ La **teneur en oxygène** : la plupart des micro-organismes se développent en présence d'O_2 : ils respirent. Certains n'ont pas nécessairement besoin d'O_2, ils fermentent.

▶ Le **pH** : la plupart des bactéries se développent dans des milieux dont le pH est voisin de la neutralité, cependant les levures et les moisissures se développent encore bien sur des aliments acides comme les agrumes.

C Les techniques de conservation des aliments

Les techniques de conservation des aliments (→ FICHE 32) visent :
– soit à **éliminer les micro-organismes** par la chaleur : stérilisation à 100 °C ou à Ultra Haute Température (UHT) ;
– soit à **freiner leur développement** par le froid (congélation, réfrigération), en les déshydratant (séchage, lyophilisation), en les emballant sous vide ou sous atmosphère modifiée (riche en N_2 ou en CO_2), en les plongeant dans le vinaigre ou une marinade par exemple pour modifier le pH, en ajoutant des additifs alimentaires (sel, conservateurs, acidifiants, …).

Conservation des aliments, santé et appétence alimentaire

31

QUIZ p. 73

La conservation des aliments a pour but de **reculer leur date de péremption**, tout en préservant leur comestibilité et leurs qualités nutritives et gustatives. Cependant, certaines techniques de conservation peuvent modifier ces qualités et influencer ainsi l'attirance (ou appétence) des consommateurs (→ DÉPLIANT, VII-VIII).

1 *Techniques de conservation, comestibilité et appétence des aliments*

▶ La **stérilisation** permet une destruction totale des micro-organismes d'où une durée de conservation de 1 à 4 ans selon les aliments. Ce procédé garantit la qualité des aliments avec cependant des modifications qui peuvent jouer sur son appétence : altération des couleurs, perte du croquant et légère perte de vitamines. La stérilisation UHT assure une meilleure conservation des vitamines et des qualités gustatives des aliments.

▶ La **pasteurisation** permet la destruction des micro-organismes pathogènes mais pas des spores ni de certaines bactéries. La durée de conservation est courte (environ 14 jours au réfrigérateur) mais le goût des aliments est moins altéré que dans les conserves.

▶ La **réfrigération** (entre 0 et 4 °C) bloque le développement des micro-organismes pathogènes sans les tuer et assure donc une conservation à court terme (3 jours à 3 semaines) sans altération des qualités des aliments. Certaines bactéries se développant à des températures proches de 0 °C, un réfrigérateur doit donc être nettoyé régulièrement pour éviter toute contamination.

▶ La **congélation** (à – 18 °C) et la **surgélation** (congélation ultra-rapide) n'assurent pas non plus une destruction des micro-organismes, il faut donc veiller à ne pas rompre la « chaîne du froid », sinon le développement des micro-organismes reprend dès que l'aliment se retrouve à une température plus élevée. La durée de conservation est importante (plusieurs mois) et les qualités des aliments bien préservées.

Doc. 1 Température et conservation des aliments.

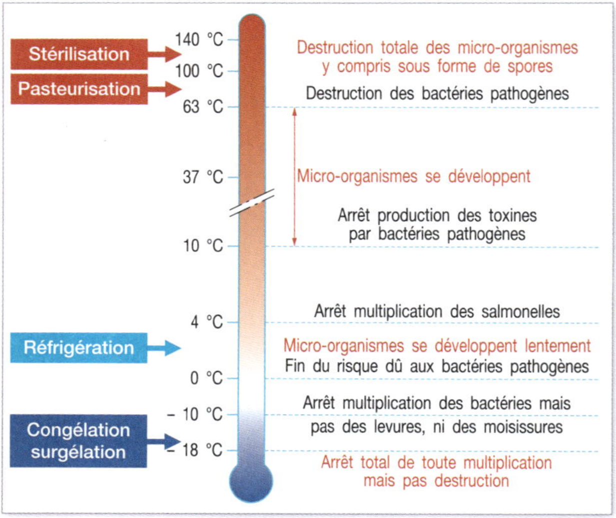

2 Conservation des aliments et santé du consommateur

▶ Les **additifs alimentaires** sont des substances chimiques ajoutées aux aliments soit pour assurer leur meilleure conservation (conservateurs), soit pour compenser les pertes de qualité liées aux procédés de conservation (colorants, arômes, exhausteurs de goût…).

▶ Chaque additif est désigné par un code à une lettre indiquant sa provenance (E pour la Communauté européenne) suivie de trois chiffres indiquant sa nature : série des E100 pour les colorants, des E200 pour les **conservateurs**, des E600 pour les **exhausteurs**.

▶ Même s'ils sont utilisés en petites quantités, les additifs sont **réglementés** afin de prévenir leurs effets néfastes sur la santé : certains sont allergènes et/ou cancérigènes, d'autres peuvent provoquer des irritations du tube digestif ou des ralentissements de la digestion. Leur présence doit obligatoirement être mentionnée sur les étiquettes des produits concernés.

La conservation des aliments

32

QUIZ p. 73

1 L'altération des aliments

▶ Exposés à l'air libre, certains fruits et légumes brunissent (→ DÉPLIANT, VI), les graisses rancissent, ce qui leur donne un aspect, une odeur et un goût désagréables : ces aliments s'oxydent. L'**oxydation** est une altération due au dioxygène de l'air. La lumière (surtout les UV), la chaleur, la présence de certains métaux (fer, cuivre, etc.), de certaines enzymes sont des facteurs qui initient ou favorisent le processus d'oxydation.

▶ Lorsque les molécules oxydables sont exposées à l'air et à la lumière, elles peuvent former des **radicaux libres**, molécules instables et très réactives. Ces radicaux libres réagissent avec les molécules organiques voisines et les dégradent en produisant, à nouveau, d'autres radicaux libres. Cette réaction en chaîne de l'oxydation se retrouve notamment dans le rancissement des huiles et des graisses.

2 Antioxydants et conservation des aliments

▶ Certaines espèces chimiques retardent l'oxydation soit en diminuant la formation des radicaux libres, soit en réagissant directement avec eux pour former des composés plus stables. Ces substances chimiques sont appelées **antioxydants**. Ils font partie des **additifs alimentaires** dont l'utilisation est réglementée par une directive européenne (codes E300 à E321).

▶ L'industrie agroalimentaire utilise des antioxydants naturels, comme la vitamine C contenue dans les agrumes ou la vitamine E que l'on trouve dans les huiles végétales (de blé, de tournesol, etc.) ou des antioxydants de synthèse (ascorbate de sodium ou de calcium, BHA, etc.).

3 Changements d'état et conservation des aliments

▶ La matière peut se rencontrer sous trois **états physiques** : solide, liquide et gazeux. Le passage d'un état physique à un autre correspond à un **changement d'état**.

Doc. 1 États et changements d'état de la matière.

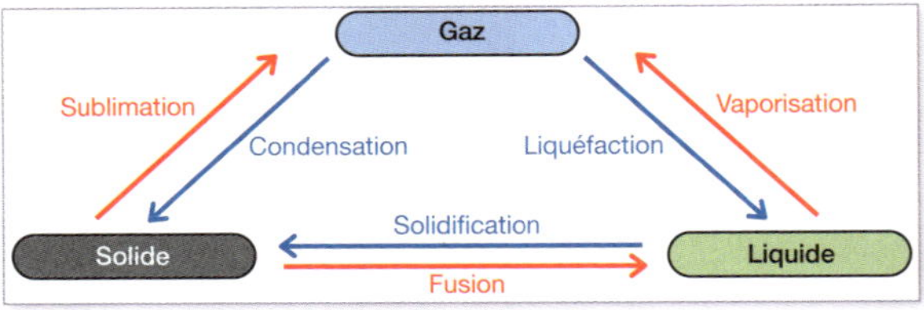

▶ Les techniques courantes de conservation de la nourriture reposent très fréquemment sur des changements d'état, soit directement au sein de l'aliment, soit dans le dispositif technique utilisé (autoclave, réfrigérateur, lyophilisateur, etc.).

A Stérilisation

La stérilisation par chauffage en autoclave, par exemple, permet d'**éliminer tous les micro-organismes** et d'inactiver certaines enzymes, sous pression de vapeur, à une température de 100 °C, de 130 °C, voire de 150 °C (stérilisation UHT du lait).

B Réfrigération

La réfrigération (→ DÉPLIANT, VI) est une technique qui **ralentit la dégradation des aliments**, en limitant le développement des micro-organismes et en freinant les réactions enzymatiques. L'aliment stocké à une température basse (quelques degrés Celsius), mais positive, se conserve à court ou moyen terme.

C Congélation

La congélation consiste à abaisser, puis à maintenir la température, au cœur des aliments, **à – 18 °C**. Cela provoque une cristallisation de l'eau contenue dans les aliments. Leur durée de conservation est alors bien supérieure à celle que permet la réfrigération.

D Lyophilisation

Pour lyophiliser un aliment, on doit tout d'abord le congeler afin de solidifier l'eau ; ensuite, sous vide, la glace se sublime directement en vapeur d'eau. On récupère alors cette vapeur d'eau et l'on sèche l'aliment, à froid. Le café soluble, certains potages instantanés, mettent en œuvre cette technique.

Se nourrir au quotidien : l'exemple des émulsions

33

? QUIZ p. 73

Une mayonnaise est une émulsion à base de jaune d'œuf (eau, protéines…) et d'huile. D'où vient la stabilité d'une telle préparation ?

1 *L'eau : une molécule remarquable*

▶ Une molécule d'eau est constituée d'un atome d'oxygène O, lié à deux atomes d'hydrogène H (DOC. 1). L'atome d'oxygène est légèrement négatif et chaque atome d'hydrogène est, à l'inverse, légèrement positif ; la molécule d'eau, bien que globalement neutre, sera donc **polaire**, du fait à la fois de sa géométrie et de la charge inégale de ses atomes.

▶ Il en résulte une attirance électrostatique entre les molécules, qui vont pouvoir établir entre elles des **ponts hydrogène**. Cette forte association intermoléculaire est, par exemple, responsable de la température d'ébullition « anormalement élevée » de l'eau au regard de sa petite « taille » (100 °C pour l'eau contre – 182 °C pour le dioxygène).

DOC. 1 Molécules d'eau et ponts hydrogène.

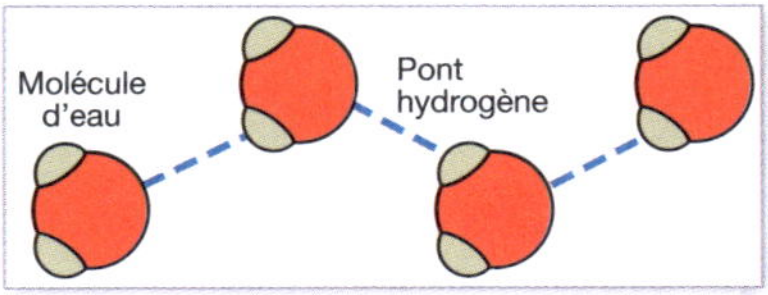

2 *L'huile*

L'huile (d'arachide, d'olive, etc.) et les matières grasses alimentaires, comme le beurre, sont constituées principalement de lipides. La majorité des lipides alimentaires sont des triglycérides : associations d'un glycérol et de trois acides gras.

3 *La formation de l'émulsion « mayonnaise »*

A Un mélange instable

▶ Le mélange eau-huile aboutit à deux couches bien distinctes : l'eau et l'huile ne sont pas **miscibles**. Cela vient du fait que les lipides n'ont pas la possibilité d'établir avec l'eau des ponts hydrogène et n'ont pas non plus de caractère polaire marqué.

▶ Toutefois, par mixage, des gouttelettes d'huile restent en suspension dans l'eau : on dit que l'on a une **émulsion instable**. Pour stabiliser ce mélange, il va falloir rajouter des éléments « entremetteurs » : des composés **tensioactifs** appelés aussi émulsifiants. Les tensioactifs ont pour effet de modifier la tension de surface – ou tension superficielle – entre deux phases non miscibles pour améliorer leur compatibilité.

B Le jaune d'œuf : un émulsifiant

▶ Le jaune d'œuf de la mayonnaise apporte ces composés tensioactifs sous la forme de protéines et surtout de lécithines. Ces composés possèdent une partie **hydrophile** (attirée par l'eau) et une partie lipophile, donc **hydrophobe** (repoussant l'eau). Ensemble – et en opposition complémentaire – ces affinités favorisent l'association de l'huile et de l'eau.

▶ L'action de battre la mayonnaise a pour principe, d'une part de disperser l'huile en fines gouttelettes dans l'eau, mais également de permettre à la partie lipophile des agents tensioactifs d'entourer et d'emprisonner les gouttelettes d'huile. Il se forme ainsi des **micelles**, petits agrégats de tensioactifs (DOC. 2), qui empêchent l'huile d'entrer en contact direct avec l'eau. Ces micelles se repoussent entre elles et leur partie hydrophile établit des ponts hydrogène avec l'eau, empêchant la formation de micelles plus grosses : on obtient ainsi la stabilisation de l'émulsion.

▶ Ce pouvoir émulsifiant de l'œuf fait qu'il est utilisé dans de nombreuses préparations culinaires, telles les crèmes glacées, les sauces.

DOC. 2 Formation de micelles.
a. Gouttelette d'huile entourée de composés tensioactifs = une micelle.
b. La mayonnaise est un ensemble de micelles d'huile entourées d'eau.

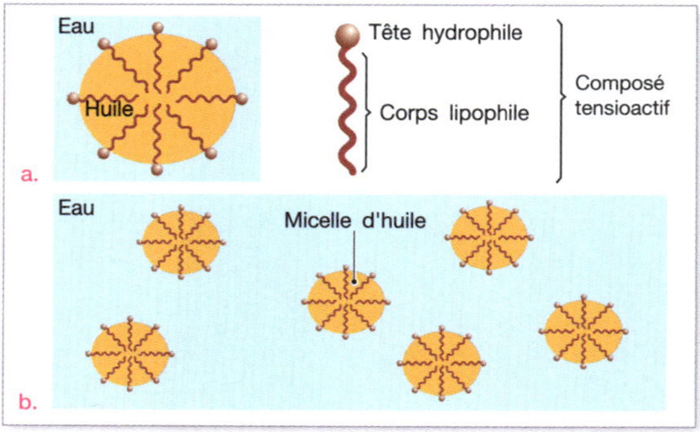

Quiz express

Cochez la ou les bonnes réponses.

34

Qualité et innocuité des aliments

1 Les micro-organismes, sources de toxi-infections

Les micro-organismes qui dégradent les aliments :

☐ a. sont uniquement des bactéries
☐ b. sont toujours pathogènes
☐ c. peuvent déclencher des toxi-infections

2 Biologie des micro-organismes

Les micro-organismes :

☐ a. se développent tous en présence d'O_2
☐ b. ne se développent pas en milieu acide
☐ c. se développent plus lorsque l'eau libre est importante

3 Température et conservation des aliments

Parmi les techniques suivantes, celle(s) qui assure(nt) la destruction de toute forme de micro-organismes est (sont) :

☐ a. la pasteurisation
☐ b. la surgélation
☐ c. la réfrigération
☐ d. la stérilisation

4 L'altération des aliments

L'oxydation d'un aliment est accélérée ou favorisée par :

☐ a. la lumière
☐ b. le diazote de l'air
☐ c. la chaleur
☐ d. le froid

5 Les techniques de conservation des aliments

La sublimation de l'eau est réalisée dans la technique de :

☐ a. la stérilisation
☐ b. la lyophilisation
☐ c. la congélation
☐ d. la réfrigération

6 Les tensioactifs

Les deux parties distinctes d'un composé tensioactif sont représentées ci-contre. La partie 2 est :

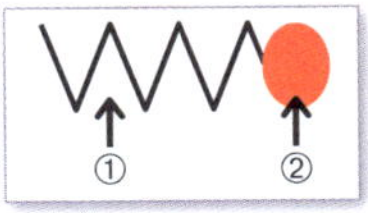

☐ a. hydrophile
☐ b. lipophile
☐ c. hydrophobe
☐ d. lipophobe

Corrigés !

Score : ... / 6

1 Les micro-organismes, sources de toxi-infections

Fiche 30

Réponse c. Les micro-organismes (bactéries, moisissures et levures) sont pour certains pathogènes, la consommation d'un aliment contaminé par ces derniers, peut entraîner une toxi-infection.

2 Biologie des micro-organismes

Fiche 30

Réponse c. L'eau des aliments est en partie liée aux molécules qui les constituent et n'est donc pas disponible pour les micro-organismes qui n'utilisent que l'eau « libre ». Plus cette quantité d'eau est importante, plus les micro-organismes se développent.

3 Température et conservation des aliments

Fiche 31

Réponse d. Seule la stérilisation permet une destruction totale de toute forme de micro-organismes y compris les spores qui nécessitent une température supérieure à 100 °C pour être détruites.

4 L'altération des aliments

Fiche 32

Réponses a et c. L'oxydation des aliments est due au dioxygène présent dans l'air. La lumière ainsi que la chaleur initient ou favorisent ce processus chimique. D'autres facteurs interviennent aussi : la présence de certains métaux ou de certaines enzymes.

5 Les techniques de conservation des aliments

Fiche 32

Réponse b. La lyophilisation repose sur la sublimation : l'aliment est tout d'abord congelé afin de solidifier l'eau ; ensuite il est placé sous vide. La glace se sublime immédiatement en vapeur d'eau ce qui permet de sécher l'aliment.

6 Les tensioactifs

Fiche 33

Réponses a et d. Un composé tensioactif présente une double affinité : l'une pour l'eau du fait de sa partie hydrophile – « qui aime l'eau » (partie 2 présentée) – l'autre pour l'huile due à sa partie hydrophobe – « qui n'aime pas l'eau » (partie 1). La partie hydrophile est lipophobe et vice versa.

Les hormones ovariennes

35

QUIZ p. 87

Le fonctionnement de l'appareil génital chez la femme est cyclique, il débute à la puberté et s'achève à la ménopause.
Il se traduit par les règles (ou menstruations) qui marquent la fin d'un cycle et le début du suivant : on parle de **cycle menstruel**. Celui-ci, d'une durée moyenne de 28 jours, comprend une phase préovulatoire (ou folliculaire) et une phase postovulatoire (ou lutéale) séparées par l'ovulation.

1 *Le cycle des hormones ovariennes*

▶ L'ovaire libère des hormones dans le sang : **les œstrogènes** (dont l'œstradiol) et la progestérone.

▶ Ces hormones sont sécrétées de façon cyclique et on distingue (DOC. 1) :
– une **phase préovulatoire** marquée par des concentrations croissantes d'œstrogènes ;
– un pic d'œstrogènes environ 48 heures avant l'ovulation ;
– une **phase postovulatoire** caractérisée par la sécrétion de progestérone surtout et d'un peu d'œstrogènes ;
– à la fin du cycle, les concentrations des deux hormones ovariennes s'effondrent.

2 *Relation entre structures ovariennes et cycle des hormones ovariennes*

▶ L'aspect cyclique de la sécrétion des œstrogènes et de la progestérone est la conséquence de l'évolution des structures ovariennes (follicules et corps jaune) qui fabriquent ces hormones (DOC. 1).

▶ Pendant la **phase folliculaire** : la croissance d'un follicule cavitaire en follicule mûr provoque l'augmentation de la sécrétion d'œstrogènes jusqu'à l'obtention du pic d'œstradiol lorsque le follicule arrive à maturité.

▶ Pendant la **phase lutéale** : après l'ovulation, le follicule transformé en corps jaune sécrète de la progestérone surtout et de l'œstradiol en moins grande quantité.

▶ En **fin de cycle**, la chute de la concentration des hormones ovariennes est due à la dégénérescence du corps jaune.

Doc. 1 Synchronisme entre cycle ovarien (b) et cycle des hormones ovariennes (a).

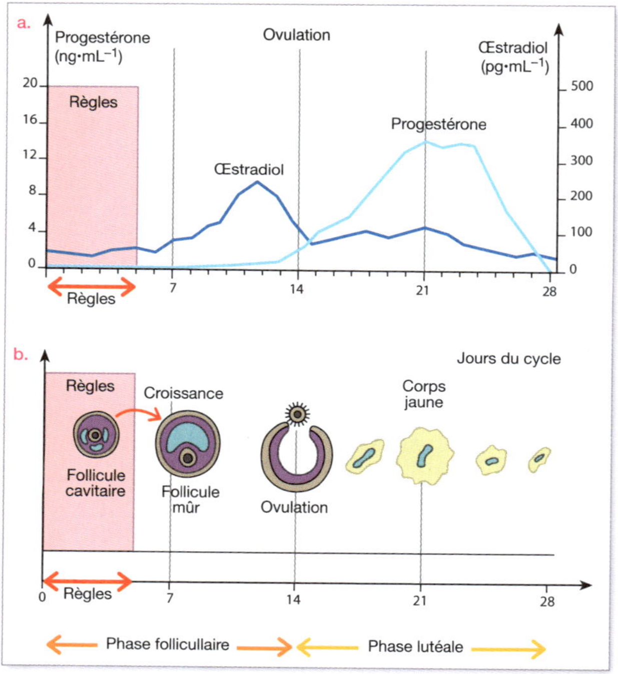

Les hormones du complexe hypothalamo-hypophysaire

36

QUIZ p. 87

1 *L'activité cyclique des ovaires est sous le contrôle des hormones du complexe hypothalamo-hypophysaire*

Les neurones de l'hypohalamus sécrètent une **hormone**, la **GnRH** qui est conduite par voie sanguine jusqu'à l'hypophyse antérieure. La GnRH stimule la libération de deux hormones hypophysaires : les gonadostimulines, **FSH** et **LH** (→ DÉPLIANT, IX).

▶ La FSH permet la croissance des follicules et la sécrétion d'œstradiol par les cellules folliculaires en phase folliculaire.

▶ Le **pic de LH**, vers le 13e jour, déclenche l'**ovulation**. L'importante sécrétion de LH permet la transformation du follicule mûr en un corps jaune, sécréteur de progestérone et d'œstradiol.

2 *Les hormones ovariennes exercent des rétrocontrôles sur le complexe hypothalamo-hypophysaire*

▶ Un rétrocontrôle est un contrôle en retour. Il est négatif quand la réponse des cellules cibles (ici les cellules ovariennes) diminue l'activité des cellules qui les commandent (celles du complexe hypothalamo-hypophysaire) et il est positif dans le cas inverse.

▶ En phase folliculaire, l'augmentation modérée de la concentration des œstrogènes entraîne une baisse de la concentration de FSH : c'est un **rétrocontrôle négatif**.

▶ Aux alentours du 12e jour du cycle, le follicule mûr sécrète une grande quantité d'œstrogènes (pic) qui déclenche par **rétrocontrôle positif** le pic de LH responsable de l'ovulation.

▶ En phase lutéale, sous l'action de la LH, le corps jaune sécrète de la progestérone et un peu d'œstrogènes, qui exercent ensemble un rétrocontrôle négatif sur le complexe hypothalamo-hypophysaire.

▶ Le corps jaune dégénère ensuite, permettant le début d'un nouveau cycle. S'il y a fécondation, le corps jaune persiste et sécrète de l'œstradiol et de la progestérone durant les deux premiers mois de grossesse.

Doc. 1 Régulation de la sécrétion des hormones ovariennes.

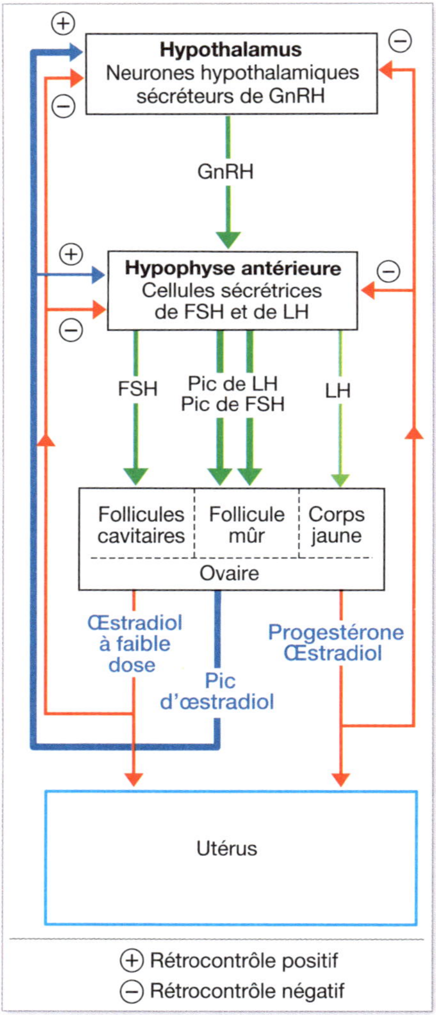

Hormones de synthèse et maîtrise de la procréation

37

QUIZ p. 87

Grâce aux connaissances acquises sur les hormones naturelles, les chercheurs ont pu mettre au point des molécules de synthèse permettant une maîtrise de la procréation mieux adaptée et comportant moins d'effets secondaires.

1 *La contraception hormonale*

Elle utilise des **œstrogènes** et un dérivé de la **progestérone** (progestatif) qui bloquent le développement folliculaire, empêchant l'ovulation par **rétrocontrôle négatif** sur le complexe hypothalamo-hypophysaire.

De plus, elle rend le **mucus cervical** (DOC. 1) imperméable aux spermatozoïdes. Par ces deux actions, la contraception hormonale empêche la fécondation.

DOC. 1 Aspects du mucus cervical.

Observation au MEB en fin de phase folliculaire chez une femme qui ne prend pas la pilule (a) et en fin de phase folliculaire chez une femme sous pilule (b).

a. Le spermatozoïde passe à travers les mailles lâches du mucus.

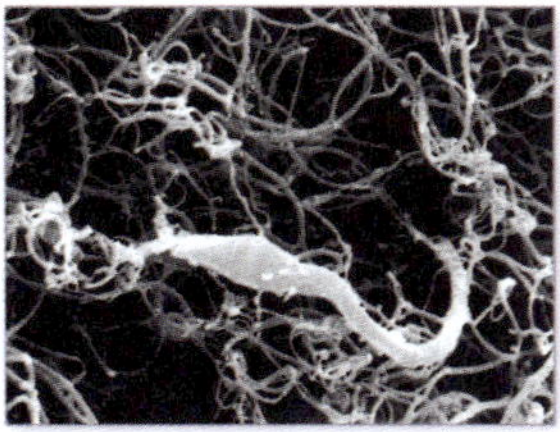

b. Le spermatozoïde est bloqué par les mailles serrées du mucus.

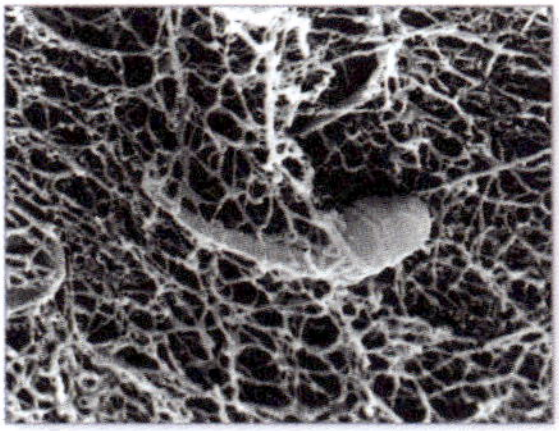

2 *La contragestion*

Elle comprend trois méthodes ayant chacune pour but d'empêcher la gestation.

▶ La **pilule du lendemain** (Norlevo) contient une hormone de synthèse (un progestatif, le levonorgestrel) qui empêche l'ovulation si elle n'a pas eu lieu, ou qui empêche l'implantation de l'œuf dans le cas où il y a eu fécondation. Elle doit être prise au plus tard trois jours après le rapport sexuel et est en vente libre en pharmacie, mais ne doit pas être utilisée régulièrement.

▶ La **pilule du surlendemain** (Ellaone), composée d'une autre molécule de synthèse (ulipristal acétate), a la même action que la pilule du lendemain mais peut être utilisée jusqu'à cinq jours après un rapport sexuel supposé fécondant. En revanche, sa délivrance n'est possible que sur ordonnance et son coût est plus élevé que la pilule du lendemain.

▶ Le **RU 486** ou pilule abortive, constitué d'une molécule de synthèse, la mifépristone, se fixe sur les mêmes récepteurs que la progestérone, l'empêchant d'assurer son rôle dans la poursuite de la gestation. Cela entraîne des règles anticipées, interrompant la nidation de l'embryon. Le RU 486 doit être utilisé avant la 5e semaine de grossesse et son utilisation, qui se fait en milieu médical, doit rester exceptionnelle.
L'action de ces trois molécules de synthèse s'explique par leur structure moléculaire très proche de celle de la progestérone.

Doc. 2 Représentation moléculaire de la progestérone, du RU 486 et du levonorgestrel.

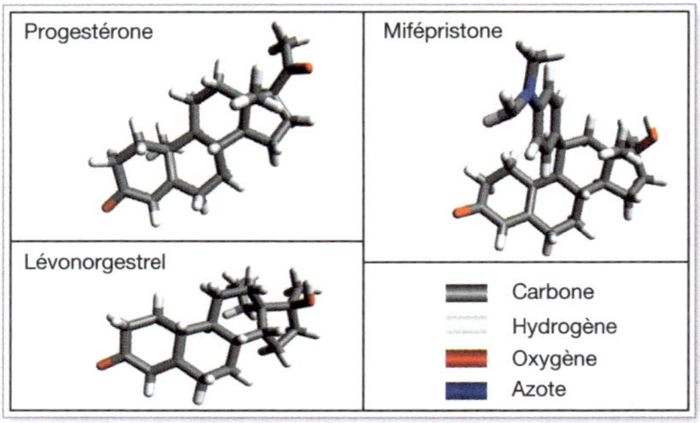

Chronologie des méthodes de régulation des naissances

38

? QUIZ p. 87

1 Les méthodes contraceptives

La contraception est l'utilisation de moyens permettant d'éviter de façon réversible et temporaire la conception d'un enfant.

A La contraception mécanique

La contraception mécanique crée une barrière qui empêche les spermatozoïdes d'atteindre l'ovule :

▶ Les **préservatifs**, masculin et féminin, empêchent le passage des spermatozoïdes dans le vagin.

▶ La **cape cervicale**, ou **diaphragme**, recouvre le col de l'utérus, empêchant le passage des spermatozoïdes dans l'utérus.

▶ Le **stérilet**, ou **dispositif intra-utérin**, est placé dans la cavité utérine, provoquant une réaction inflammatoire locale de la muqueuse de l'utérus, qui empêche la nidation.

B La contraception chimique

La contraception chimique fait appel à des substances chimiques qui peuvent être avalées, ou placées dans le vagin :

▶ Les **spermicides** sont sous forme de crème, d'ovules ou d'éponges et sont placés dans le vagin avant le rapport sexuel ; ils contiennent une substance qui détruit les spermatozoïdes.

▶ La **pilule** est le moyen de contraception le plus utilisé par les femmes en France, elle doit être prise à heure fixe et ne pas être oubliée (→ FICHE 37). Il existe en réalité plusieurs types de pilules (micropilules, pilules combinées…).

▶ L'**implant contraceptif**, en place sous la peau durant 3 ans, le **patch contraceptif**, collé sur la peau une fois par semaine, et **l'anneau vaginal**, placé dans le vagin pendant 3 semaines sont des moyens contraceptifs relativement récents qui présentent l'avantage d'éviter un oubli.

2 *Les grandes étapes de la maîtrise de la procréation humaine depuis 1920 jusqu'à aujourd'hui*

▶ Les humains ont de tout temps essayé de limiter le nombre des naissances afin d'éviter des grossesses non désirées, mais ce n'est que **depuis 1967** qu'une loi, la **loi Neuwirth**, autorise la **vente de contraceptifs**, et ceci aux personnes de plus de 21 ans, l'âge de la majorité à l'époque.

▶ La pilule ne sera véritablement accessible aux femmes, majeures ou non, que grâce à Simone Veil, alors ministre de la Santé, et remboursée par la Sécurité sociale.

▶ À l'heure actuelle en France, **la pilule, symbole de la liberté sexuelle des femmes**, n'est pas toujours autorisée pour des raisons religieuses.

1920	La loi française interdit l'avortement et la contraception
1942	Renforcement de la loi de 1920 : l'avortement est passible de la peine de mort
1956	Mise au point de la première pilule œstro-progestative par Pincus et Chang
1967	Loi Neuwirth : la contraception est légale
1972	Loi Neuwirth réellement appliquée
1974	La pilule est remboursée par la Sécurité sociale
1975	Loi Veil : l'IVG est autorisée en France
1978	Naissance du premier bébé issu d'une FIV : Louise Brown (Royaume-Uni)
1980	Découverte de la pilule abortive RU 486
1982	Naissance du premier bébé issu d'une FIV en France (Amandine) IVG remboursée par la Sécurité sociale
1990	Le RU 486 est autorisé
1991	Gestation pour autrui (GPA) prohibée dans le droit français
1994	Premières lois de bioéthique définissant le cadre des pratiques de PMA
2000	Premier bébé né en France après un diagnostic pré-implantatoire
2001	Pilule du lendemain disponible gratuitement pour les mineures
2010	Révisions des lois de bioéthique pour autoriser et encadrer la GPA

REMARQUE La connaissance de ces dates n'est pas exigible.

Stérilité et procréation médicalement assistée (PMA)

39

QUIZ p. 87

1 *Les causes de stérilité*

On parle de stérilité si un couple désirant un enfant n'y parvient pas au bout de deux ans de relations sexuelles sans contraception.

▶ **Chez la femme**, les causes les plus fréquentes sont l'obstruction des trompes utérines ou des problèmes hormonaux empêchant l'ovulation par suite de déficits d'origine ovarienne ou hypothalamo-hypophysaire.

▶ **Chez l'homme**, les anomalies concernent essentiellement le nombre de spermatozoïdes, leur mobilité et leur structure.

2 *Techniques de PMA*

▶ L'**insémination artificielle** remédie à la stérilité masculine. Elle peut se faire avec le sperme du conjoint, ou d'un donneur lorsqu'il y a absence de spermatozoïdes dans le sperme du conjoint.
Dans le cas particulier où les spermatozoïdes du conjoint sont peu nombreux et peu mobiles, on peut avoir recours à l'**ICSI** (Intra Cytoplasmic Sperm Injection) qui permet d'injecter un spermatozoïde directement dans le cytoplasme de l'ovule. La procédure est ensuite identique à celle pratiquée pour la FIVETE.

Doc. 1 Injection du spermatozoïde dans l'ovule (technique de l'ICSI).

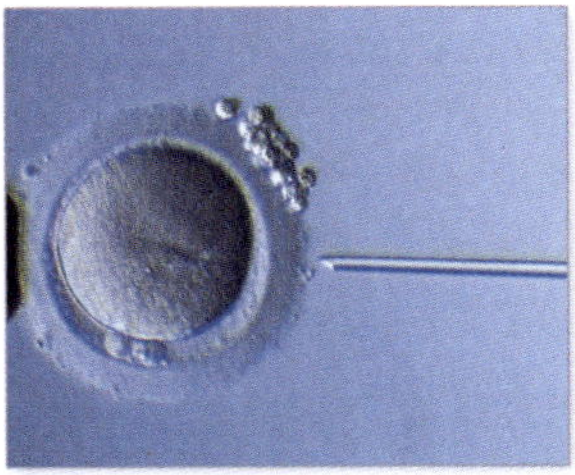

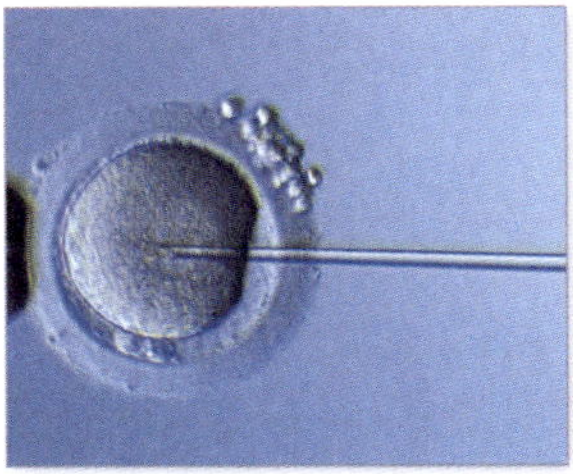

▶ La **FIVETE (Fécondation *in vitro* et transfert d'embryon)** remédie à la stérilité féminine (→ RABATS, III). Elle est proposée en cas d'obstruction des trompes ou de troubles de l'ovulation :

– un **traitement hormonal** est préalablement administré à la patiente pour stimuler son ovulation, dont de la FSH, qui permettra l'arrivée à maturité de plusieurs follicules ;
– puis l'injection d'une substance chimique ayant les mêmes effets que la LH permet de **déclencher l'ovulation** ;
– juste avant celle-ci, les ovocytes (ovules) seront prélevés dans l'ovaire et mis en contact in vitro avec des spermatozoïdes pour obtenir une **fécondation** et le développement d'embryons ;
– les **embryons** (deux ou trois) sont ensuite **transférés dans l'utérus** de la future mère.

Doc. 2 Embryon de 48 h prêt à être implanté dans l'utérus (stade 4 cellules).

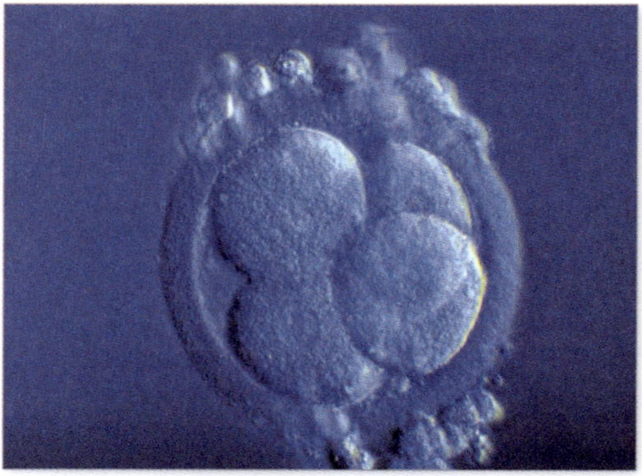

3 *Les limites des méthodes de PMA*

▶ Une **législation** encadre les différentes techniques de PMA, afin d'éviter des problèmes d'ordre **éthique**.
En France, la FIVETE n'est pas envisagée actuellement pour une femme ménopausée ou pour un couple homosexuel. Le don de gamètes ou d'embryons est anonyme et gratuit, et les couples receveurs seront légalement considérés comme seuls parents du ou des futur(s) enfant(s).

▶ De plus, il est nécessaire d'éviter les dérives permettant de sélectionner les embryons sur des critères autres que pathologiques (ex. : le choix du sexe de l'enfant). Enfin les embryons non utilisés posent problème quant à leur devenir (faut-il les détruire ? les utiliser pour la recherche médicale ?).

Infections sexuellement transmissibles et mesures de prévention

40

QUIZ p. 87

1 La propagation des infections sexuellement transmissibles (IST)

▶ Les IST sont dues à différents **micro-organismes** qui se transmettent entre partenaires au cours de rapports sexuels (oraux, vaginaux ou anaux).

▶ Les micro-organismes responsables des IST sont localisés dans le sperme et dans les sécrétions vaginales. Il s'agit en général de bactéries et de virus.

▶ Une des raisons majeures expliquant la propagation des IST au sein de la population est que la plupart d'entre elles sont **asymptomatiques** : les personnes infectées n'ayant pas de symptômes, elles ne vont pas consulter de médecin et risquent de transmettre l'IST à leur partenaire.

Quelques micro-organismes à l'origine des IST	IST	Lieux où l'on trouve les micro-organismes
Bactérie : *Treponema pallidum.* 	**Syphilis :** maladie très contagieuse, en recrudescence, qui provoque de nombreuses lésions dans tout l'organisme.	– sperme – sécrétions vaginales – sang
Virus : VIH. 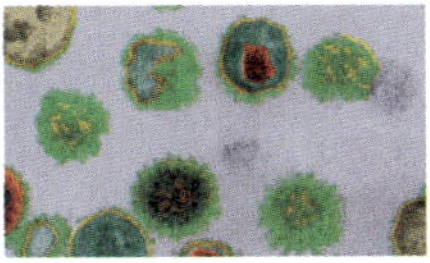	**Sida :** la personne infectée le reste toute sa vie.	– sperme – sécrétions vaginales – sang
Protozoaire : *Trichomonas vaginalis.* 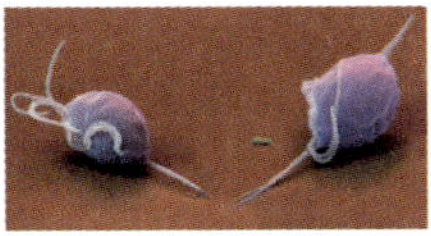	**Trichomonase :** infection relativement fréquente chez l'homme et la femme	– sperme – sécrétions vaginales – serviette, maillot de bain contaminé

Quelques micro-organismes à l'origine des IST	IST	Lieux où l'on trouve les micro-organismes
Bactérie : *Neisseria gonorrhoeae.* 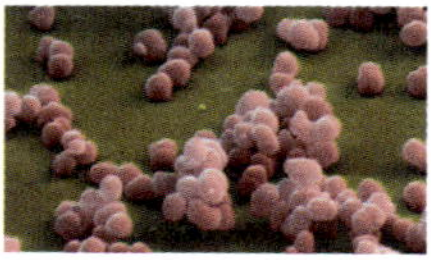	**Gonoccie :** infection qui peut, dans certaines conditions, conduire à la septicémie.	– sperme – sécrétions vaginales

2 Adopter un comportement responsable dans sa vie sexuelle

▶ Chaque individu doit prendre en charge de façon responsable sa vie sexuelle afin de se protéger et protéger son (ses) partenaire(s).

▶ Les IST peuvent être cause de **stérilité** : des bactéries telles les *Chlamydiae* peuvent entraîner une infection des trompes utérines (salpingite) et causer leur obstruction.

▶ Il est indispensable d'adopter des **mesures de prévention** afin d'éviter contamination et propagation des IST : l'utilisation du préservatif lors des rapports sexuels est la méthode de prévention la plus efficace. En effet, les micro-organismes, de par leur taille, ne passent pas à travers les pores de la membrane du préservatif.

▶ Tout patient diagnostiqué porteur d'une IST devrait en avertir ses partenaires passés et actuel(s) afin qu'ils se fassent **dépister**. Ainsi la prise en charge médicale du patient et de ses partenaires permettrait d'éviter toute nouvelle contamination.

▶ Les professionnels de la santé conseillent actuellement à toutes les jeunes filles de se faire **vacciner** contre certaines souches de papillomavirus, virus transmis par voie sexuelle et responsable de cancers du col de l'utérus.

▶ Des mesures d'**hygiène** évidentes (lavage des mains et du corps dans son ensemble) limitent aussi la propagation des IST.

Quiz express 41

Cochez la ou les bonnes réponses.

Prendre en charge sa vie sexuelle de façon conjointe et responsable

1 *Les hormones ovariennes*

Les hormones sécrétées par les ovaires sont :

- ☐ a. la GnRH
- ☐ b. la LH et la FSH
- ☐ c. l'œstradiol et la progestérone

2 *Hormones et rétrocontrôles*

Les rétrocontrôles chez la femme sont :

- ☐ a. exercés par la LH
- ☐ b. exercés par les hormones ovariennes
- ☐ c. exclusivement dus à un pic d'œstradiol
- ☐ d. négatifs ou positifs selon le moment du cycle

3 *Hormones de synthèse et maîtrise de la procréation*

La contraception hormonale ou pilule :

- ☐ a. rend le mucus cervical perméable aux spermatozoïdes
- ☐ b. permet la fécondation
- ☐ c. empêche l'ovulation
- ☐ d. permet d'exercer un rétrocontrôle négatif sur le complexe hypothalamo-hypophysaire

4 *Infections sexuellement transmissibles et mesures de prévention*

Les IST :

- ☐ a. sont dues à des micro-organismes
- ☐ b. ne peuvent pas être évitées, même avec un préservatif
- ☐ c. sont localisées dans le sperme et les sécrétions vaginales

Corrigés !

Score : ... / 4

1 *Les hormones ovariennes*

Fiche 35

Réponse c. L'œstradiol et la progestérone sont sécrétés par les ovaires, la GnRH par l'hypothalamus, et la FSH et la LH par l'hypophyse antérieure.

2 *Hormones et rétrocontrôles*

Fiche 36

Réponses b et d.

■ Chez la femme, les rétrocontrôles sont exercés par les hormones ovariennes : les œstrogènes (dont l'œstradiol) et la progestérone.

■ Ils sont négatifs en phase folliculaire, avant le douzième jour du cycle, lors de l'augmentation modérée de la concentration d'œstrogènes, et en phase lutéale de par la sécrétion d'œstrogènes et de progestérone par le corps jaune.

■ Un rétrocontrôle positif en revanche est exercé aux alentours du douzième jour par le follicule mûr qui sécrète une grande quantité d'œstrogènes.

3 *Hormones de synthèse et maîtrise de la procréation*

Fiche 37

Réponses c et d.

■ La pilule empêche l'ovulation, elle empêche donc la fécondation.

■ Elle permet, de par les hormones de synthèse qu'elle contient, d'exercer un rétrocontrôle négatif sur le complexe hypothalamo-hypophysaire. Ainsi, il n'y aura pas de pic de LH responsable de l'ovulation.

■ Elle a aussi pour rôle de rendre le mucus imperméable aux spermatozoïdes, qui ne pourront donc pas passer à travers les mailles serrées du mucus.

4 *Infections sexuellement transmissibles et mesures de prévention*

Fiche 40

Réponses a et c.

■ Les IST sont dues à des micro-organismes localisés dans le sperme et les sécrétions vaginales, ils se transmettent lors des rapports sexuels.

■ La méthode de prévention la plus efficace afin d'éviter contamination et propagation est l'utilisation du préservatif.

Réalisation des phénotypes sexuels 42

QUIZ p. 93

1 *Le déterminisme génétique du sexe biologique*

▶ Au cours de son développement, **jusqu'à la 7e semaine**, l'**embryon n'est ni mâle ni femelle** : les glandes génitales ainsi que les organes génitaux externes sont indifférenciés et l'embryon possède des voies génitales mâles et des voies génitales femelles.
Les individus ayant un caryotype XXY (syndrome de Klinefelter) possèdent deux chromosomes X et ont un phénotype masculin tandis que les individus ne possédant qu'un seul chromosome X (syndrome de Turner) sont de phénotype féminin. C'est donc la présence du **chromosome** Y qui permet l'évolution du **phénotype vers le sens masculin**, alors que son absence entraîne obligatoirement un phénotype féminin.

Doc. 1 Quelques anomalies chromosomiques et phénotypes associés.

Caryotype	Sexe phénotypique	Phénotype observable
45, XO	féminin	syndrome de Turner
45, YO	L'absence de chromosome X est létale	
46, XX	féminin	femme normale
47, XXXX	féminin	phénotype féminin
46, XY	masculin	homme normal
47, XXY	masculin	syndrome de Klinefelter
47, XYY	masculin	phénotype masculin

C'est plus précisément un gène présent sur le chromosome Y, **le gène SRY**, qui permet la différenciation de la gonade indifférenciée en testicule. Ce gène n'est pas présent sur le chromosome X, donc en son absence, la gonade évoluera en ovaire.

▶ Des **accidents chromosomiques** peuvent être responsables d'anomalies chromosomiques :
– la perte d'une région du chromosome Y engendre un individu de **caryotype XY** mais de phénotype **féminin** ;
– le transfert de la région du chromosome Y, qui porte le gène SRY, sur le chromosome X engendre un individu de **caryotype XX** mais de phénotype **masculin**.

2 Le déterminisme hormonal du sexe génétique

▶ La présence du **testicule** entraîne la **masculinisation de l'embryon** alors que son absence entraîne un phénotype féminin.

▶ Le testicule agit par l'intermédiaire de **deux hormones** entre la 8e et la 16e semaine du développement embryonnaire :
– la **testostérone**, qui permet le développement des voies génitales mâles et des organes génitaux externes ;
– l'**AMH** (hormone anti-müllerienne) qui permet la dégénérescence des canaux à l'origine des voies génitales femelles.

▶ L'ovaire ne sécrète ni AMH, ni testostérone au cours du développement embryonnaire et n'a donc aucune action sur l'établissement du phénotype sexuel.

▶ La **puberté** est la dernière étape de l'établissement du phénotype sexuel :
– chez le garçon : le testicule sécrète toujours de la testostérone (mais plus d'AMH) et cette hormone entraîne l'apparition des caractères sexuels secondaires et la production de sperme, donc de spermatozoïdes ;
– chez la fille : l'ovaire sécrète œstradiol et progestérone, permettant l'apparition des caractères sexuels secondaires et l'émission d'ovules.

Comportement sexuel et phénomènes biologiques associés

43

QUIZ p. 93

1 Les hormones influencent le comportement sexuel des mammifères

Chez les mammifères adultes non Hominoïdes, il y a une relation directe entre le comportement sexuel et les sécrétions hormonales :

▶ Les femelles sont réceptives pendant la période d'ovulation, contemporaine de la période de chaleurs (ou œstrus), on parle de **cycle œstrien**. C'est à ce moment-là que la concentration en œstradiol est la plus élevée.

▶ Chez les mâles, la testostérone est indispensable au comportement sexuel qui est souvent déclenché par des stimuli émis par les femelles (odeurs dégagées, coloration…).

▶ Chez les **Primates adultes Hominoïdes** (Homme et grands singes), l'influence des hormones dans le comportement sexuel diminue : les **rapports sexuels** se déroulent pendant une **grande partie du cycle menstruel** et ne sont donc pas limités à la période d'ovulation.
L'espèce humaine est la seule où le comportement sexuel est dissocié des sécrétions hormonales.

2 Le système de récompense est prépondérant dans la sexualité des Hominoïdes et en particulier de l'Homme

▶ Des expériences sur des rats où on leur implante des électrodes de stimulation dans certaines régions du cerveau ont montré que les rats recherchent les effets de cette stimulation en s'autostimulant de manière répétitive. On a ainsi pu montrer qu'il y a un circuit dans le cerveau qui procure du plaisir, nommé pour cette raison le **système de récompense**.

▶ Le système de récompense (DOC. 1) comprend **plusieurs régions cérébrales** dont le noyau accumbens et l'aire tegmentale ventrale, reliées entre elles par des neurones qui libèrent un neurotransmetteur, la **dopamine**.

Quand ces neurones sont stimulés, ils libèrent de la dopamine dans plusieurs régions du cerveau, ce qui va engendrer une sensation de plaisir.

Doc. 1 Principales régions cérébrales du système de récompense et zones de libération de la dopamine (flèches bleues).

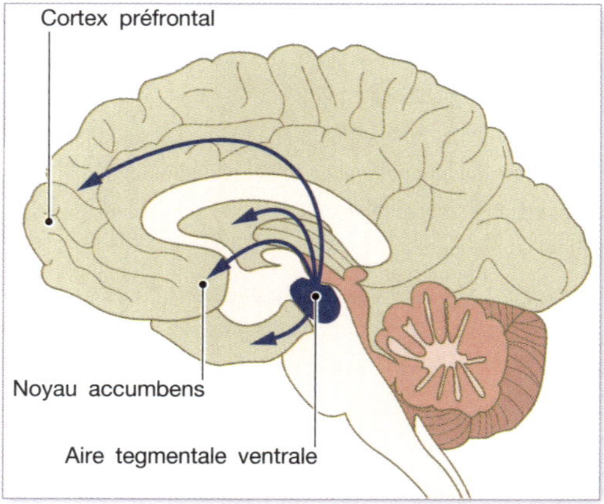

▶ L'activité des neurones à dopamine et donc la libération de dopamine est freinée en permanence par des **neurones inhibiteurs**.

▶ Les neurones inhibiteurs possèdent sur leur membrane des récepteurs sur lesquels se fixe un neurotransmetteur appelé **enképhaline**. Cette fixation engendre une diminution de l'activité des neurones inhibiteurs, ce qui a pour conséquence une augmentation de libération de dopamine.

▶ Cette libération accrue de dopamine est à l'origine d'une **sensation de plaisir**.

▶ Le **comportement sexuel** de l'Homme est largement influencé par des facteurs affectifs et par le contexte culturel dans lequel il vit. L'**orientation sexuelle** (homosexualité, transexualité, …) relève quant à elle de l'intimité des individus.

Quiz express

Cochez la ou les bonnes réponses.

44

Devenir homme ou femme

1 Caryotype masculin

Le caryotype d'un individu de phénotype masculin peut comporter :

- ☐ a. Deux chromosomes X
- ☐ b. Deux chromosomes Y
- ☐ c. Un chromosome X et un chromosome Y
- ☐ d. Un seul chromosome X et pas de chromosome Y

2 Différenciation de l'appareil génital mâle

Le chromosome Y :

- ☐ a. porte un gène appelé AMH qui permet la différenciation de la gonade indifférenciée en testicule
- ☐ b. porte un gène, le gène SRY, qui permet la différenciation de la gonade indifférenciée en testicule

3 Déterminisme hormonal de la mise en place des appareils génitaux

Lors du développement embryonnaire, l'ovaire :

- ☐ a. sécrète de l'AMH
- ☐ b. sécrète de la testostérone
- ☐ c. ne sécrète ni l'un ni l'autre

4 Comportement sexuel des mammifères

La période d'ovulation des femelles mammifères non hominoïdes :

- ☐ a. est contemporaine de la période des chaleurs
- ☐ b. est la période du cycle où leur activité sexuelle est la plus importante
- ☐ c. est la période du cycle où la concentration en œstrogènes est la plus basse

5 Système de récompense et sexualité des hominoïdes

Le système de récompense :

- ☐ a. est un circuit qui procure du plaisir et qui est situé dans les organes génitaux
- ☐ b. comprend plusieurs régions situées dans le cerveau
- ☐ c. fait intervenir un neurotransmetteur, la dopamine

Corrigés

Score : ... / 5

1 *Caryotype masculin*

Fiche 42

Réponses a, b et c.

- Le caryotype d'un individu de phénotype masculin peut comporter deux chromosomes X, à partir du moment où il comporte aussi un chromosome Y, (caryotype XXY) mais il peut aussi comporter deux chromosomes Y à partir du moment où il y a un chromosome X (caryotype XYY).
- Le caryotype normal d'un individu masculin comprend un chromosome X et un chromosome Y (caryotype XY).

2 *Différenciation de l'appareil génital mâle*

Fiche 42

Réponse b. Le chromosome Y porte un gène appelé le gène SRY, qui permet la différenciation de la gonade indifférenciée en testicule. Il permet donc l'évolution du phénotype dans le sens masculin.

3 *Déterminisme hormonal de la mise en place des appareils génitaux*

Fiche 42

Réponse c. Lors du développement embryonnaire, l'ovaire ne sécrète ni AMH ni testostérone, et n'a donc aucune action sur l'établissement du phénotype sexuel. La testostérone et l'AMH sont sécrétés par le testicule, ce qui permet la masculinisation de l'embryon.

4 *Comportement sexuel des mammifères*

Fiche 43

Réponses a et b. La période d'ovulation des mammifères femelles non hominoïdes est contemporaine de la période de chaleurs (ou œstrus) et c'est la période où leur activité sexuelle est la plus importante.

C'est aussi à cette période que la concentration en œstrogènes est la plus élevée.

5 *Système de récompense et sexualité des hominoïdes*

Fiche 43

Réponses b et c. Le système de récompense est un système qui procure du plaisir et qui est situé dans le cerveau, au niveau de plusieurs régions cérébrales.

Il fait intervenir un neurotransmetteur, la dopamine.

Quantification des besoins énergétiques

45

QUIZ p. 103

1 Les différentes sources d'énergie

▶ Une source d'**énergie primaire** est une forme d'énergie disponible dans la nature avant toute transformation. Cette transformation peut avoir lieu dans les centrales thermiques à combustibles fossiles, afin de produire de la chaleur ou de l'électricité (→ FICHE 47), ou peut avoir lieu aussi dans les raffineries de produits pétroliers. Les produits énergétiques livrés au consommateur final (combustibles, carburants, chaleur, électricité) correspondent à de l'**énergie finale**.

▶ Les origines de cette énergie primaire (DOC. 1) sont multiples (→ FICHES 50, 51 ET 52) : fossiles (pétrole, charbon, gaz) ; uranium (source d'énergie nucléaire de fission) ; énergies renouvelables (hydraulique, solaire, éolien, biomasse, géothermie).

▶ Environ 90 % de la production mondiale d'énergie primaire provient de ressources **non renouvelables**.

DOC. 1 Production mondiale d'énergie primaire (année 2008).

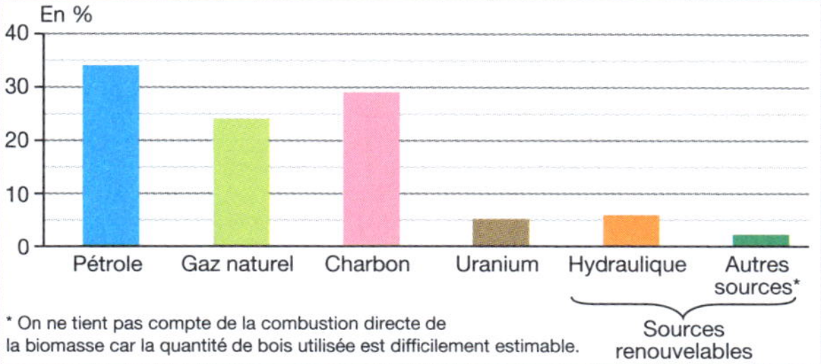

* On ne tient pas compte de la combustion directe de la biomasse car la quantité de bois utilisée est difficilement estimable.

2 Les besoins en énergie dans le monde

Les trois principaux secteurs consommateurs d'énergie sont l'industrie, les transports et l'ensemble « résidentiel et tertiaire » (DOC. 2). Pour ce dernier secteur, le chauffage, la climatisation, l'eau chaude sanitaire, les appareils électroménagers constituent les plus gros postes de consommation énergétique.

Doc. 2 Consommation mondiale d'énergie finale (année 2004).

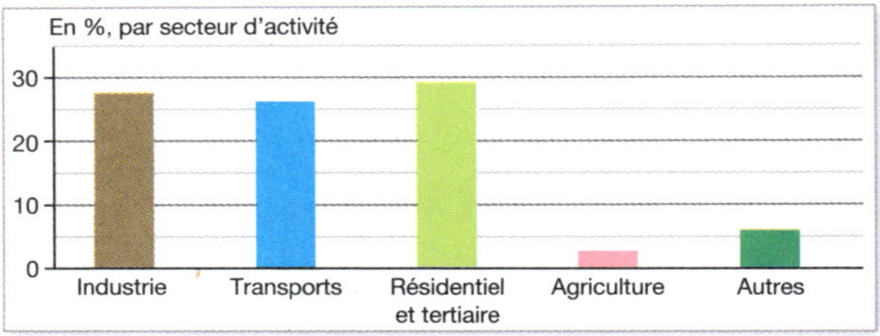

3 *Puissance et énergie électriques*

▶ Une lampe à incandescence, comme tous les appareils électriques, reçoit de **l'énergie électrique** (→ FICHE 46) qu'elle convertit ensuite en éclairage mais aussi en chaleur. La **puissance** qu'elle consomme correspond à la quantité d'énergie électrique qu'elle reçoit en une heure. Plus la puissance consommée par la lampe est importante plus, en retour, elle peut fournir de lumière.

▶ La puissance électrique s'exprime en **watt** (W).

▶ Quelques ordres de grandeur de puissances consommées :

Puissance consommée	Appareil/installation électrique
1 mW (0,001W)	Montre, DEL
1 W	Lampe de poche
10 W	Lampe fluocompacte
100 W	Lampe à incandescence

▶ **L'énergie électrique E consommée** dépend du temps t d'utilisation de l'appareil électrique et de la puissance P consommée :

$$E = P \times t$$

E en wattheure (Wh)
P en watt (W)
t en heure (h).

▶ Une lampe à incandescence de 100 W consomme donc une énergie de 300 Wh pour 3 heures d'utilisation. Cette énergie consommée est mesurée par le compteur électrique domestique. À noter qu'à efficacité lumineuse égale, une lampe fluocompacte consommera 5 à 6 fois moins d'énergie.

La conversion de l'énergie

46

QUIZ p. 103

1 Définition de l'énergie et unités de mesure

▶ Le terme **énergie** vient du grec ancien *enérgeia* qui signifie « force en action ». L'énergie désigne une capacité à agir quelle qu'en soit la forme. Elle peut mettre en mouvement, chauffer, éclairer, transmettre une information, etc. L'énergie n'est donc pas quelque chose de figé, elle peut se transformer.

▶ Dans le Système international d'unités, l'énergie se mesure en joules (J). Dans la pratique, d'autres unités sont employées : le wattheure (1 Wh = 3 600 J), la calorie (1 cal = 4,18 J), etc.

▶ À l'exception de l'utilisation directe de la lumière solaire pour s'éclairer, de la géothermie pour chauffer les habitations, les formes d'énergie que nous utilisons proviennent d'une **énergie primaire** successivement transformée, stockée, transportée puis distribuée au consommateur final.

DOC. 1 L'énergie : de son extraction à son utilisation finale.

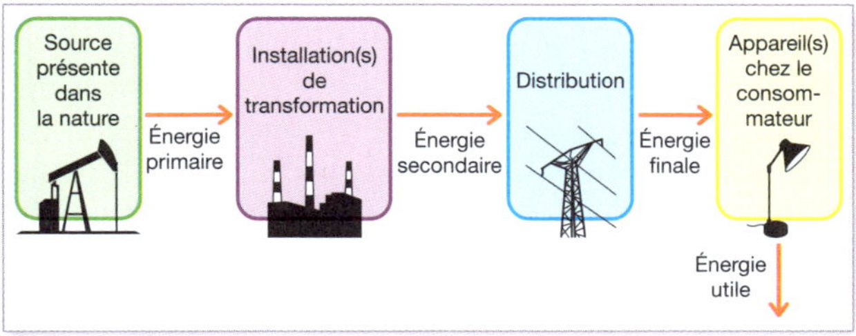

2 Les formes d'énergie et leurs conversions

▶ Il existe différentes **formes d'énergie** : électrique, mécanique, chimique, thermique, rayonnante, nucléaire, etc.

▶ L'énergie ne peut ni se créer, ni se détruire mais uniquement changer de forme. La transformation de l'énergie est la conversion d'une forme d'énergie en une autre (DOC. 2).

▶ Pour mieux répondre à ses besoins énergétiques, l'Homme a conçu des dispositifs techniques – des « convertisseurs » – dont le rôle est d'obtenir de l'**énergie secondaire** plus facile à stocker, à transporter et à utiliser que les sources d'énergie primaire.

▶ Toute conversion s'accompagne inévitablement de **pertes énergétiques** ou d'énergie inutilisée. Ces dégradations sont inévitables malgré l'amélioration de l'efficacité énergétique des installations et des dispositifs techniques.

Doc. 2 Exemples de conversions énergétiques.

Énergie primaire	Énergie secondaire	Moyen de conversion	Rendement
Énergie du vent (énergie cinétique)	Énergie électrique	Éolienne	59 % maximum (en théorie)
Énergie lumineuse	Énergie électrique	Panneau photovoltaïque	15 % environ
Énergie d'une chute d'eau (énergie potentielle)	Énergie électrique	Barrage hydroélectrique	90 %
Énergie nucléaire	Énergie électrique	Centrale nucléaire	35 %
Énergie chimique	Énergie électrique	Centrale thermique à gaz	40 % (cycle simple)

▶ En passant de l'énergie primaire (disponible dans la nature) à l'énergie finale (celle que nous consommons), l'énergie suit une série de transformations et de transports : la **chaîne énergétique.** Par exemple, l'énergie liée à la vitesse du vent, convertie en électricité par une éolienne pour faire fonctionner une lampe, illustre bien cette notion de chaîne énergétique.

Doc. 3 Depuis le vent jusqu'à l'ampoule : un exemple de chaîne énergétique.

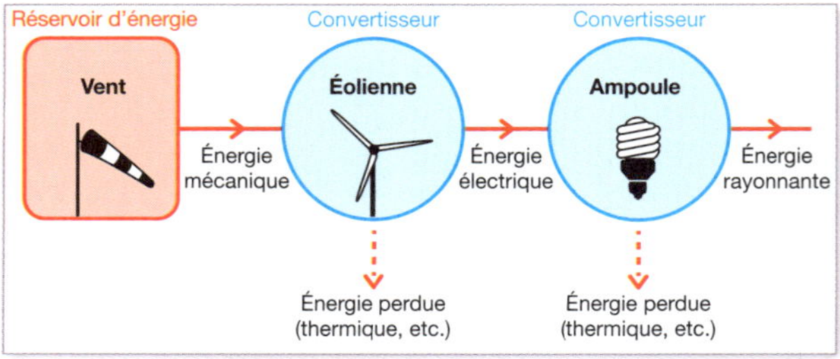

Les centrales électriques thermiques

47

QUIZ p. 103

1 Produire de l'électricité

▶ L'électricité représente près de **20 % de l'énergie finale mondiale** utilisée par le consommateur. Elle est omniprésente dans nos sociétés industrialisées car elle constitue un moyen facile et efficace de transférer de l'énergie d'un endroit à un autre (même sur des milliers de kilomètres) (→ FICHE 48) ; elle permet aussi de satisfaire les besoins élémentaires de nos sociétés : lumière et télécommunications, chaleur, mouvement, etc.

▶ Les **panneaux photovoltaïques** et les **générateurs électrochimiques** (piles et batteries) convertissent directement l'énergie de rayonnement, pour les premiers, et l'énergie chimique, pour les seconds, en énergie électrique.

▶ Les autres systèmes produisent de l'électricité en utilisant un **alternateur** (qui génère un courant alternatif) entraîné par une turbine. La **turbine** peut être mise en mouvement :
– à l'aide de vapeur d'eau sous pression dans les centrales nucléaires, à flamme ou dans certaines centrales solaires ;
– à l'aide de l'eau dans les centrales hydroélectriques ou marémotrices ;
– à l'aide du vent dans les centrales éoliennes.

2 Fonctionnement des centrales électriques thermiques

▶ Les centrales électriques thermiques (→ RABATS, VI) reposent donc sur deux éléments indispensables :
- la **turbine** qui transforme la force d'un fluide chaud (vapeur d'eau, gaz de combustion, etc.) en mouvement de rotation ;
- l'**alternateur** qui convertit l'énergie mécanique de la turbine en énergie électrique.

▶ Dans une **centrale thermique à flamme**, la vapeur d'eau est produite grâce à la chaleur dégagée par la **combustion** du charbon, du pétrole ou du gaz (→ FICHE 50). Une combustion est une réaction chimique entre un combustible et un comburant (le dioxygène O_2).

Cette transformation libère de la chaleur et produit de l'eau, du dioxyde de carbone ainsi que d'autres dérivés.

▶ Dans une **centrale thermique nucléaire**, la chaleur est fournie par la **fission nucléaire** (→ FICHE 51) : l'uranium 235 donne, sous l'impact d'un neutron, deux noyaux plus légers ; par exemple le strontium 94 et le xénon 140 selon l'équation nucléaire :

$$^{235}_{92}\mathrm{U} + {}^{1}_{0}\mathrm{n} \rightarrow {}^{94}_{38}\mathrm{Sr} + {}^{140}_{54}\mathrm{Xe} + 2\,{}^{1}_{0}\mathrm{n}$$

▶ La **chaîne énergétique** (DOC. 1) dans une centrale thermique à flamme présente, pour les unités les plus performantes, un rendement voisin de 45 % (35 % dans le cas des centrales nucléaires).

DOC. 1 Chaînes énergétiques des centrales électriques thermiques à flamme et nucléaire.

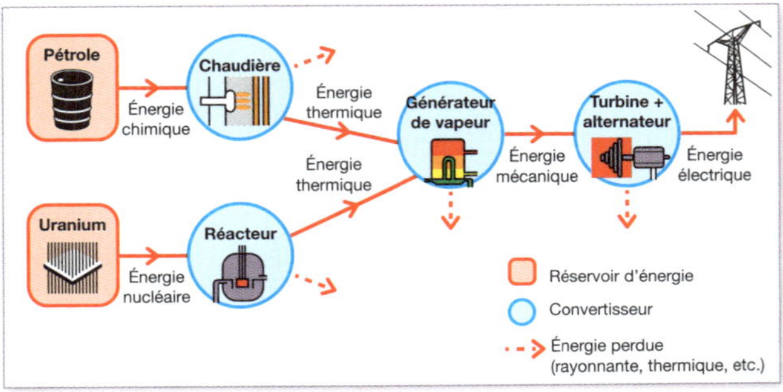

▶ La recherche travaille à l'exploitation de la **fusion nucléaire** de deux noyaux isotopes de l'hydrogène : le deutérium (hydrogène 2) et le tritium (hydrogène 3) fusionnent en un noyau (plus lourd) d'hélium selon l'équation nucléaire :

$$^{2}_{1}\mathrm{H} + {}^{3}_{1}\mathrm{H} \rightarrow {}^{4}_{2}\mathrm{He} + {}^{1}_{0}\mathrm{n}$$

Toutefois, la fusion de deux noyaux d'atomes est très difficile à obtenir car deux forces opposées et de natures différentes interviennent dans le mécanisme. Pour fusionner, les noyaux doivent être dans un état d'agitation intense ; cela se produit à de très hautes températures (des millions de degrés Celsius), au cœur des étoiles par exemple (→ FICHE 52).

Transport et stockage de l'énergie Gestion des déchets radioactifs

48

QUIZ p. 103

1 *Transport et stockage de l'énergie*

▶ Souvent, les sites de production et de consommation d'énergie sont géographiquement (très) éloignés ; le transport et le stockage de l'énergie représentent donc des **enjeux importants pour le secteur énergétique**.

▶ La relative facilité de stockage et de transport, sur de très grandes distances, des **combustibles fossiles** a été un des moteurs du développement industriel des deux derniers siècles, même si le transport du charbon et le stockage du gaz naturel n'ont pas été sans poser certaines difficultés.

▶ L'**électricité** ne se stocke pas, sauf de manière très ponctuelle dans des condensateurs ou – par « stockage chimique » – dans des batteries. Sa production doit donc s'adapter constamment aux variations de la demande. Contrairement au charbon et au pétrole, l'électricité n'est pas une source primaire d'énergie ; elle sert de **vecteur énergétique**, c'est-à-dire qu'elle permet l'acheminement efficace d'énergie – le meilleur à ce jour – d'un point à un autre.

▶ Un autre vecteur énergétique (trop tributaire du raffinage du pétrole, aujourd'hui) attend son heure, en particulier dans les secteurs du transport et de la production d'électricité : l'**hydrogène**. L'énergie chimique emmagasinée dans l'hydrogène peut, en effet, permettre la production d'énergies électrique et thermique grâce à l'utilisation de la **pile à combustible**.

Doc. 1 La pile à combustible.

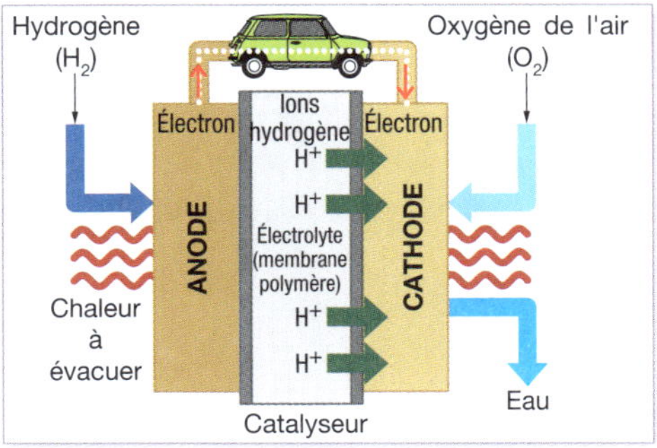

2 *La gestion des déchets radioactifs*

▶ La radioactivité est un phénomène naturel qui consiste en l'éclatement, la **désintégration**, du noyau instable d'un atome en un autre noyau avec émission de rayonnements (DOC. 2). Un tel atome est nommé **radioélément**.

DOC. 2 Les différents rayonnements.

Nom	Nature	Caractéristiques	Moyens de protection
Rayons α	Noyaux d'hélium	Très peu pénétrants, issus de la désintégration de noyaux lourds.	Simple feuille de papier.
Rayons β	Électrons (β^-) Positons (β^+)	Moyennement pénétrants, ils traversent les couches superficielles de la peau.	Feuille d'aluminium de quelques mm.
Rayons γ	Rayonnement électromagnétique de haute fréquence	Accompagnent la radioactivité α et β. Très pénétrants.	Grandes épaisseurs de plomb, de béton...

▶ L'**activité** d'un radioélément traduit sa « vitesse de désintégration » ou nombre de désintégrations par seconde. Son unité est le **becquerel**.

1 becquerel (Bq) = 1 désintégration par seconde.

▶ Cette activité diminue avec le temps du fait de la disparition progressive des noyaux instables. La désintégration d'un noyau donné est un phénomène aléatoire ; cependant, on peut définir pour chaque radioélément, une **période radioactive**, la **demi-vie** (→ DÉPLIANT, XI). Elle correspond au temps nécessaire pour que la moitié des noyaux radioactifs se désintègrent naturellement.

▶ Au sujet des déchets radioactifs, voir la **planche XII** du dépliant.

?

Quiz express

Cochez la ou les bonnes réponses.

49

Utilisation et gestion de l'énergie

1 La consommation d'énergie d'une lampe

Une lampe à filament de 100 W éclaire la cuisine pendant 1 h. Une lampe fluocompacte de 20 W éclaire le salon pendant 5 h. La lampe du salon a consommé :

☐ a. cinq fois moins d'énergie que la lampe de la cuisine
☐ b. cinq fois plus d'énergie que la lampe de la cuisine
☐ c. autant d'énergie que la lampe de la cuisine

2 L'énergie et la puissance électriques

L'énergie consommée par un appareil électrique :	Vrai	Faux
a. peut s'exprimer en watt (W)	☐	☐
b. dépend du temps d'utilisation de cet appareil	☐	☐
c. est liée à la puissance électrique par $E = P \times t$	☐	☐

3 La conversion d'énergie

La chaudière d'une centrale à flamme est le siège de la conversion énergétique :

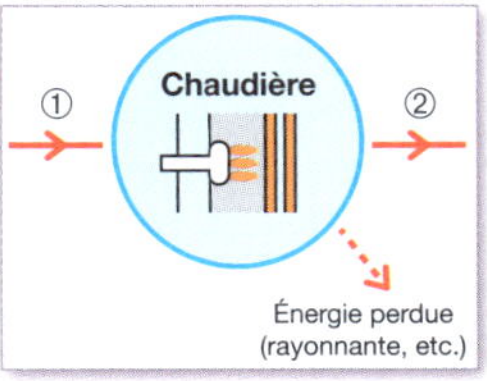

☐ a. ① énergie thermique/② énergie électrique
☐ b. ① énergie thermique/② énergie mécanique
☐ c. ① énergie chimique/② énergie thermique

4 Les centrales électriques thermiques

La majorité des centrales électriques thermiques françaises utilise la réaction dont l'équation est :
$^{235}_{92}U + ^{1}_{0}n \rightarrow ^{94}_{38}Sr + ^{140}_{54}Xe + 2^{1}_{0}n$. Il s'agit de :

☐ a. une combustion
☐ b. une fusion nucléaire
☐ c. une fission nucléaire

5 Le stockage de l'électricité

L'électricité se stocke facilement :

☐ a. oui ☐ b. non ☐ c. cela dépend des fois

Corrigés !

Score : ... / 5

1 *La consommation d'énergie d'une lampe*

Fiche 45

Réponse c. L'énergie électrique consommée par les deux lampes est identique. Cependant, le temps d'utilisation de la lampe fluo-compacte est cinq fois plus important : à durée de fonctionnement égale et pour un confort lumineux similaire, la lampe fluo-compacte sera donc cinq fois moins gourmande en énergie.

2 *L'énergie et la puissance électriques*

Fiche 45

a. Faux. Le watt (W) est une unité de puissance. L'énergie, quant à elle, peut s'exprimer en wattheure (Wh). Par définition, 1 watt-heure est l'énergie consommée ou délivrée par un système d'une puissance de 1 watt pendant une heure.

b et c. Vrai. Pour un appareil donné, l'énergie électrique consommée est proportionnelle à son temps d'utilisation. Plus précisément, l'énergie électrique consommée par l'appareil est égale au produit de la puissance P consommée par la durée t de fonctionnement de celui-ci : $E = P \times t$.

3 *La conversion d'énergie*

Fiche 46

Réponse c. La chaudière d'une centrale à flamme transforme l'énergie chimique contenue dans le pétrole, le gaz ou le charbon en énergie thermique (chaleur). L'énergie chimique est l'énergie associée aux liaisons entre les atomes présents dans les constituants de ces sources d'énergies fossiles. La combustion est capable de libérer cette énergie et de la transformer pour une part en chaleur.

4 *Les centrales électriques thermiques*

Fiche 47

Réponse c. Cette équation de réaction fait apparaître qu'un noyau lourd fissile d'uranium 235 éclate en deux noyaux plus légers de strontium 94 et de xénon 140 sous l'impact d'un neutron projectile. Cette réaction de fission libère beaucoup d'énergie et deux neutrons projectiles qui vont alimenter la réaction nucléaire en chaîne.

5 *Le stockage de l'électricité*

Fiche 48

Réponse b. L'électricité ne se stocke pas (sauf dans un condensateur), et elle doit donc être convertie en une autre forme d'énergie si elle n'est pas instantanément utilisée.

Les énergies fossiles : utilisations et empreinte environnementale

50

QUIZ p. 111

1 De leur origine à leurs utilisations

▶ Les sources d'énergies fossiles (principalement le charbon, le gaz naturel, le pétrole) résultent d'une lente **fossilisation**, sur plusieurs millions d'années, des débris organiques. Elles sont en quantités limitées et non renouvelables. On estime les réserves actuelles à environ 40 à 50 ans pour le pétrole, 60 à 70 ans pour le gaz et 150 à 200 ans pour le charbon.

▶ Depuis l'Antiquité, le **charbon** est utilisé pour se chauffer. L'essor industriel lui a ouvert d'autres utilisations : les industries sidérurgiques le mélangent avec le fer pour produire de la fonte et de l'acier ; les industries de la carbochimie utilisent ses dérivés pour de nombreuses synthèses (médicaments, parfums, colorants, engrais, plastiques, etc.). Le **gaz naturel** et le **pétrole** ont aussi de nombreuses utilisations : chauffage, production d'électricité, matières premières des industries pétrochimiques et du raffinage.

Doc. 1 Raffinage d'un pétrole brut.

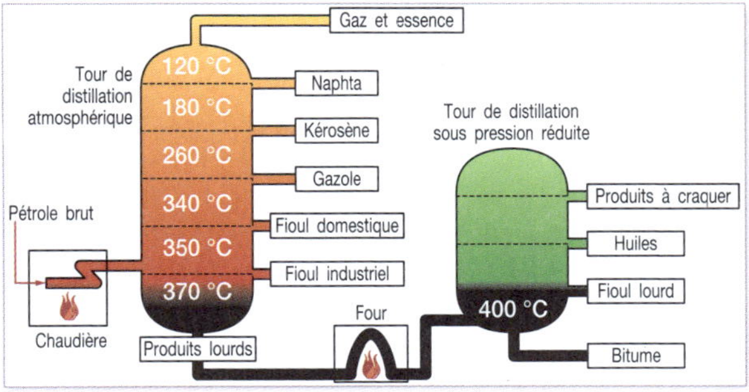

2 La combustion des sources d'énergies fossiles

Leur combustion, dans les véhicules à moteur par exemple, ou dans les centrales thermiques (→ Fiches 47), **produit un certain nombre de dérivés** :

– de l'eau et du dioxyde de carbone se forment en effet, lors de la combustion d'hydrocarbures (molécules carbonées et hydrogénées) comme le fuel, l'essence ou le gaz naturel ;
– du dioxyde de soufre SO_2 est produit par la combustion du fuel, du gasoil ou encore du charbon dans l'industrie, pour le chauffage domestique, ou dans les véhicules Diesel ;
– des oxydes d'azote NO_X sont émis par les moteurs lors des combustions à hautes températures ;
– des particules en suspension sont produites par la combustion industrielle, le chauffage et les véhicules Diesel.

3 La pollution atmosphérique

A Les polluants atmosphériques

▶ Schématiquement, on peut répartir les polluants atmosphériques en deux groupes : les **gaz** (90 % en masse des polluants rejetés dans l'atmosphère) et les **particules solides.**

▶ Les principaux agents de cette pollution résultent de la production et de l'utilisation d'**énergie**. On les rencontre principalement en milieu urbanisé et dans les zones d'activité, non seulement par suite de concentration des **industries** et des **foyers** domestiques, mais aussi à cause de la circulation des **véhicules à moteur.**

B Conséquences sanitaires et environnementales

▶ Le dioxyde de soufre est un composant de la formation des **pluies acides** nuisibles aux écosystèmes (dépérissement des forêts, atteintes aux lacs) ainsi qu'au patrimoine architectural (attaque des monuments en calcaire). Sa réduction passe par une désulfuration des combustibles (lors du raffinage) ou celle des fumées d'origine industrielle (au moyen de filtres).

▶ Les oxydes d'azote entraînent des **inflammations respiratoires** et augmentent la **sensibilité aux attaques microbiennes.** Ils participent aussi à la formation de l'ozone O_3 dans la basse atmosphère, gaz particulièrement nocif (pour les voies respiratoires notamment). Le recours au pot catalytique sur les véhicules à essence en limite les émissions.

▶ Le dioxyde de carbone n'est pas toxique en soi, mais son excès est une pollution car il participe de manière importante au **réchauffement climatique.** C'est un **gaz à effet de serre** (GES) (→ DÉPLIANT, X). Le protocole de Kyoto ratifié en 1999 établit un calendrier de réduction des émissions de ce gaz.

L'énergie nucléaire

51

QUIZ p. 111

L'augmentation du prix des énergies fossiles et le souhait d'une meilleure indépendance énergétique, comme de rejets nuls en dioxyde de carbone poussent les États à choisir cette voie énergétique.

1 À l'origine de l'énergie, le noyau atomique

▶ Les centrales nucléaires utilisent l'énergie libérée lors de la transformation du noyau de l'atome d'uranium (→ FICHE 47) : on parle de **réaction de fission nucléaire**.

▶ Un **élément chimique** comme l'uranium est constitué d'un noyau autour duquel gravite un nuage électronique. Le noyau atomique est fait de nucléons de deux types : les **protons**, particules chargées positivement et les **neutrons**, de charge nulle. Le nombre de protons Z (ou numéro atomique) caractérise l'élément chimique. L'uranium, par exemple, contient systématiquement $Z = 92$ protons.

▶ Dans la nature, les noyaux d'uranium ne sont pas tous identiques : certains contiennent 238 nucléons (plus de 99 % des cas), d'autres 235 (0,7 % des cas) : ceci provient d'un nombre de neutrons différent. On dit que l'uranium 238 (d'écriture symbolique ${}^{238}_{92}U$) et l'uranium 235 (${}^{235}_{92}U$) sont des **isotopes**.

▶ L'uranium 235 est **fissile**, on l'utilise donc comme combustible dans les réacteurs nucléaires.

2 La fission nucléaire

Un noyau fissile est un noyau qui peut se scinder en noyaux plus légers sous l'impact d'une particule projectile. Cette fission nucléaire libère de l'énergie ainsi que d'autres particules projectiles qui vont, à leur tour, casser d'autres noyaux fissiles et ainsi de suite. On parle de **réactions en chaîne**.

Doc. 1 La fission de l'uranium.

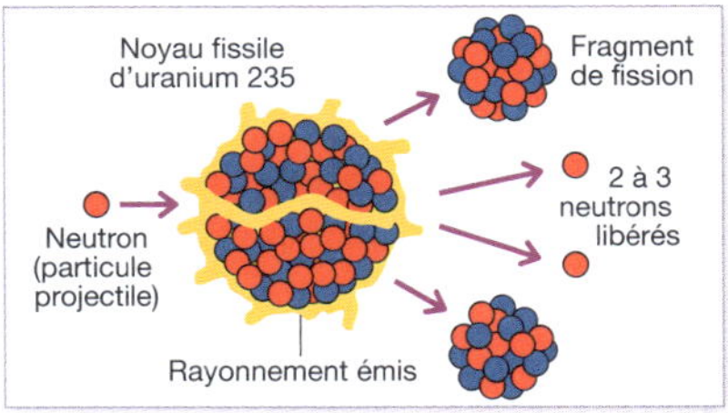

3 *Le combustible nucléaire*

▶ L'**uranium** utilisé dans les centrales nucléaires provient de minerais présents dans l'écorce terrestre (DOC. 2). Relativement répandus, ces minerais sont exploitables si la teneur en uranium est supérieure à 1 ou 2 kg par tonne extraite. Ils nécessitent un traitement de concentration pour rendre le transport rentable.

▶ Au rythme de la demande actuelle, les réserves mondiales identifiées d'uranium permettraient de couvrir plus de 70 ans de consommation.

DOC. 2 Du minerai (a) au yellow-cake (b), un concentré d'uranium.

▶ Pour pouvoir être utilisé, par exemple dans un réacteur à eau pressurisée, le combustible fissile doit contenir de 3 à 5 % d'uranium 235 : un **enrichissement de l'uranium naturel** par diffusion gazeuse ou par centrifugation, est donc nécessaire. Ces procédés sont très minutieux sur le plan technique et souvent très énergivores. La chaleur produite est le plus souvent transformée en électricité (→ FICHE 47).

▶ 78 % de la production d'électricité en France est ainsi d'origine nucléaire contre en moyenne 35 % dans l'Union européenne.

▶ La technologie employée dans les réacteurs, en fonctionnement ou en construction, ne valorise que très peu le potentiel énergétique de l'uranium. La recherche-développement travaille donc à élargir ce potentiel par la mise en place future (vers 2040) de réacteurs de quatrième génération (réacteurs à neutrons rapides par exemple). À plus long terme, on envisage aussi la possibilité de produire de l'électricité à partir de **réactions de fusion nucléaire** (projet international ITER) (→ FICHE 47).

Les énergies renouvelables

52

QUIZ p. 111

1 Les différentes sources d'énergie renouvelable

Une énergie est renouvelable si elle est **produite à partir d'une source qui se régénère** suffisamment rapidement pour être considérée comme inépuisable à échelle humaine. Une bonne gestion de la ressource est parfois un élément à prendre en compte dans cette définition (utilisation du bois-énergie notamment).

A La biomasse

Dans le secteur de l'énergie, ce terme désigne toute **matière organique animale ou végétale susceptible de dégager force ou chaleur**, par combustion directe (bois) ou après transformations : transformation par méthanisation de déchets ménagers fermentescibles, de boues d'épuration, de lisiers pour l'obtention de biogaz ou transformation de différentes cultures (colza, canne à sucre, palmier à huile, etc.) pour l'obtention de biocarburants : diester et éthanol.

B Le Soleil

▶ En moyenne, la surface de la Terre reçoit une puissance de 170 W/m^2 due au rayonnement solaire. En théorie, cela suffirait à couvrir plus de 10 000 fois les besoins énergétiques mondiaux actuels. Cette énergie disponible est toutefois inégalement répartie et soumise aux variations saisonnières.

▶ **Différentes exploitations** sont possibles : le « solaire passif » (baies vitrées dans les bâtiments), le « solaire actif thermique » (panneaux de production d'eau chaude sanitaire), le « photovoltaïque » (panneaux de production d'électricité) ou le « thermodynamique » (centrale électrique Thémis dans les Pyrénées-Orientales).

C Le vent

Depuis l'Antiquité, l'Homme sait convertir l'énergie du vent en énergie mécanique utile pour moudre le grain, produire de l'huile ou pomper de l'eau. Aujourd'hui, c'est surtout en électricité que cette conversion a lieu par l'**utilisation d'aérogénérateurs ou « éoliennes »** (→ FICHE 46). Comme le vent ne souffle pas à la demande, les installations éoliennes doivent être couplées avec d'autres sources d'énergie et le stockage de l'énergie produite (→ FICHE 48) devient une nécessité (batteries, stockage hydraulique ou thermique).

D La géothermie

Cette technique **prélève la chaleur du sol** ou du sous-sol terrestre. En fonction du niveau de température du réservoir, l'exploitation se fera pour le chauffage ou pour la production d'électricité.

E L'eau

L'énergie hydraulique est utilisée depuis l'Antiquité : en atteste la présence de moulins à eau. Leurs usages en étaient multiples : moudre le grain, scier le bois, fabriquer du papier, travailler les métaux, etc. Aujourd'hui, l'énergie hydraulique sert essentiellement à produire de l'électricité dans les **centrales hydroélectriques**.

2 *Le soleil, source de rayonnement*

▶ Les énergies renouvelables ont comme **point commun** d'avoir pour origine **le rayonnement solaire**, mises à part certaines formes de géothermie utilisant la chaleur interne de la Terre et l'énergie marémotrice provenant de l'attraction combinée du Soleil et de la Lune.

▶ Le cœur du Soleil est le **siège de réactions nucléaires** (DOC. 1) : chaque seconde, des millions de tonnes d'hydrogène donnent naissance à des millions de tonnes d'hélium en s'accompagnant d'une libération colossale d'énergie dont une partie est rayonnée dans l'espace. Plus précisément, on parle de **fusion nucléaire**. Les protons (noyaux d'hydrogène) fusionnent en deutérium (étape 1), en hélium 3 (étape 2) puis en hélium 4 (étape 3).

DOC. 1 La fusion nucléaire au cœur du Soleil.

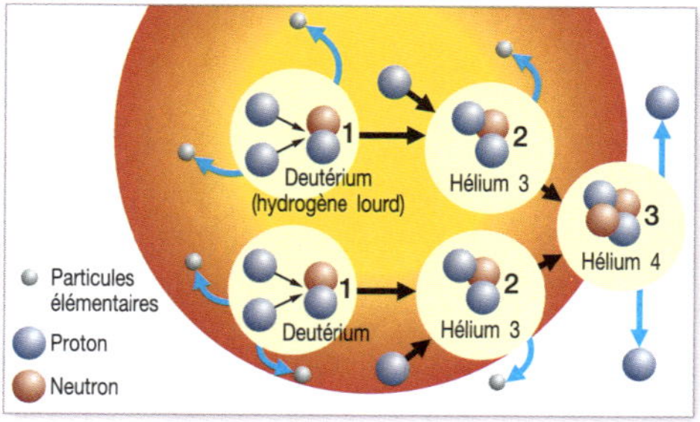

Quiz express

Cochez la ou les bonnes réponses.

53

Les ressource énergétiques disponibles

1 Les énergies fossiles

Lesquels de ces réservoirs d'énergie correspondent à des sources d'énergies fossiles ?

- ☐ a. uranium
- ☐ b. gaz naturel
- ☐ c. gaz de schiste
- ☐ d. hydrogène
- ☐ e. charbon

2 La composition d'un noyau atomique

Le noyau d'uranium 238, dont la notation symbolique s'écrit $^{238}_{92}U$, comporte :

- ☐ a. 92 protons et 238 nucléons
- ☐ b. 92 protons et 238 neutrons
- ☐ c. 238 protons et 92 nucléons
- ☐ d. 92 protons et 146 neutrons

3 L'isotopie

Parmi les atomes ci-dessous, lesquels correspondent à des isotopes ?

- ☐ a. $^{12}_{5}B$
- ☐ b. $^{12}_{6}C$
- ☐ c. $^{14}_{6}C$
- ☐ d. $^{6}_{3}Li$

4 Les sources d'énergies renouvelables

Lesquelles de ces sources correspondent à des énergies renouvelables ?

- ☐ a. biomasse
- ☐ b. gaz naturel
- ☐ c. uranium
- ☐ d. géothermie

5 Le Soleil, source d'énergie

Une maison exposée plein sud est équipée de panneaux photovoltaïques et de capteurs solaires thermiques. L'énergie solaire utilisée pour alimenter un four à micro-ondes est :

- ☐ a. solaire passive
- ☐ b. solaire photovoltaïque
- ☐ c. solaire thermique
- ☐ d. aucune des trois formes précédentes

Corrigés

Score : ... / 5

1 *Les énergies fossiles*

Fiche 50

Réponses b, c et e.

Ce sont des combustibles riches en carbone, issus de la fossilisation d'êtres vivants, morts et enfouis dans le sol depuis plusieurs millions d'années.

2 *La composition d'un noyau atomique*

Fiche 51

Réponses a et d.

Dans la représentation symbolique du noyau atomique $^{A}_{Z}X$, X représente le symbole de l'élément chimique (ici U pour l'uranium), Z son nombre de protons et A son nombre de nucléons (protons et neutrons). L'uranium 238 comporte donc $Z = 92$ protons et $A = 238$ nucléons ; soit $A - Z = 146$ neutrons.

3 *L'isotopie*

Fiche 51

Réponses b et c.

Ce sont des atomes qui correspondent au même élément chimique (ici le carbone C) mais qui diffèrent par leur nombre de neutrons. Le carbone 12 est pourvu de 6 neutrons contre 8 pour le carbone 14.

4 *Les sources d'énergies renouvelables*

Fiche 52

Réponses a et d.

Une énergie renouvelable est une source d'énergie se régénérant assez rapidement pour être considérée comme inépuisable à l'échelle humaine de temps. La biomasse désigne l'ensemble de la matière vivante – majoritairement végétale – pouvant servir de source d'énergie. La géothermie exploite la chaleur interne du globe terrestre.

5 *Le Soleil, source d'énergie*

Fiche 52

Réponse b.

Les panneaux photovoltaïques captent et convertissent directement le rayonnement solaire en électricité. Les panneaux solaires thermiques captent aussi le rayonnement solaire mais pour le convertir en chaleur utilisable pour la production d'eau chaude et le chauffage domestique.

Achevé d'imprimer par L.E.G.O. S.p.A. – Lavis (TN) – Italie
Dépôt légal : 04435-7/01 – Novembre 2017